Kündigungsvergütung von Bauverträgen

AF872004

Matthias Linnemann · Sonja Kaltenborn · Andreas Bahner

Kündigungsvergütung von Bauverträgen

Grundlagen und Empfehlungen zur korrekten Abrechnung

Springer Vieweg

Matthias Linnemann
KVL Sachverständige GmbH
Düsseldorf, Deutschland

Sonja Kaltenborn
KVL Sachverständige GmbH
Düsseldorf, Deutschland

Andreas Bahner
franz + partner rechtsanwälte mbB
Köln, Deutschland

ISBN 978-3-658-42891-4 ISBN 978-3-658-42892-1 (eBook)
https://doi.org/10.1007/978-3-658-42892-1

Die Deutsche Nationalbibliothek verzeichnet diese Publikation in der Deutschen Nationalbibliografie; detaillierte bibliografische Daten sind im Internet über http://dnb.d-nb.de abrufbar.

© Der/die Herausgeber bzw. der/die Autor(en), exklusiv lizenziert an Springer Fachmedien Wiesbaden GmbH, ein Teil von Springer Nature 2024

Das Werk einschließlich aller seiner Teile ist urheberrechtlich geschützt. Jede Verwertung, die nicht ausdrücklich vom Urheberrechtsgesetz zugelassen ist, bedarf der vorherigen Zustimmung des Verlags. Das gilt insbesondere für Vervielfältigungen, Bearbeitungen, Übersetzungen, Mikroverfilmungen und die Einspeicherung und Verarbeitung in elektronischen Systemen.
Die Wiedergabe von allgemein beschreibenden Bezeichnungen, Marken, Unternehmensnamen etc. in diesem Werk bedeutet nicht, dass diese frei durch jedermann benutzt werden dürfen. Die Berechtigung zur Benutzung unterliegt, auch ohne gesonderten Hinweis hierzu, den Regeln des Markenrechts. Die Rechte des jeweiligen Zeicheninhabers sind zu beachten.
Der Verlag, die Autoren und die Herausgeber gehen davon aus, dass die Angaben und Informationen in diesem Werk zum Zeitpunkt der Veröffentlichung vollständig und korrekt sind. Weder der Verlag noch die Autoren oder die Herausgeber übernehmen, ausdrücklich oder implizit, Gewähr für den Inhalt des Werkes, etwaige Fehler oder Äußerungen. Der Verlag bleibt im Hinblick auf geografische Zuordnungen und Gebietsbezeichnungen in veröffentlichten Karten und Institutionsadressen neutral.

Planung/Lektorat: Karina Danulat

Springer Vieweg ist ein Imprint der eingetragenen Gesellschaft Springer Fachmedien Wiesbaden GmbH und ist ein Teil von Springer Nature.
Die Anschrift der Gesellschaft ist: Abraham-Lincoln-Str. 46, 65189 Wiesbaden, Germany

Das Papier dieses Produkts ist recyclebar.

Vorwort

Wird ein Bauvertrag vorzeitig gekündigt, sei es durch den Auftraggeber (AG) oder den Auftragnehmer (AN), hat dies Auswirkungen auf den Vergütungsanspruch des jeweiligen AN und die Systematik des Vorgehens bei der Schlussabrechnung. Die Abrechnung des Anspruchs auf Vergütung bereits erbrachter Leistungen und Aufwendungen, aber auch infolge der Kündigung noch nicht erbrachter Leistungen, erfolgt in Abhängigkeit von dem Charakter der Kündigung sowie der Art des geschlossenen Vertrags. Hierüber besteht oftmals eine kontroverse Sichtweise der beteiligten Parteien, was nicht selten zu einer gerichtlichen Auseinandersetzung führt. Zum entsprechenden Vorgehen im Zuge einer Kündigung finden sich daher neben verschiedenen Hinweisen in Verordnungen oder Gesetzen sowie verschiedener Fachliteratur auch zahlreiche Gerichtsurteile. Auch lassen sich bereits in geschlossenen Bauverträgen entsprechende Klauseln bzgl. der Kündigungsvergütung formulieren, auf die im entsprechenden Fall Bezug genommen werden kann.

Durch diese verschiedenen rechtlichen Quellen kann die Stellung der Schlussrechnung durch den Auftragnehmer mit Schwierigkeiten behaftet sein, sofern bspw. die relevanten Anforderungen aus den einschlägigen Normen, durchaus aber auch aus der Rechtsprechung, nicht hinreichend bekannt sind und in der Folge nicht beachtet werden. Dies betrifft insbesondere die u.a. notwendige Transparenz der Abrechnung und somit deren Nachvollziehbarkeit.

Gleiches gilt dabei auch für den Auftraggeber, der die Schlussrechnung alsbald zu überprüfen hat. Welche Maßstäbe hierbei anzusetzen sind, ist ebenfalls prinzipiell geregelt und bedarf der Beachtung. Dies gilt insbesondere vor dem Hintergrund, dass in bauvertraglichen Schlussrechnungen häufig größere Vergütungsansprüche formuliert werden, was den Bedarf und die Anforderungen an eine genaue Prüfung und Bewertung auch unter dem wirtschaftlichen Gesichtspunkt verdeutlicht.

In dieser Publikation wird das Ziel verfolgt, sich der Komplexität der Abrechnung von Kündigungsvergütungen auf Grundlage verschiedener Quellen, Gerichtsurteile etc., anzunehmen, Grundsätze und Empfehlungen zu formulieren sowie diese anschließend in einen entsprechenden Leitfaden für den AN/AG zusammenzufassen.

November 2023

Matthias Linnemann
Sonja Kaltenborn
Andreas Bahner

Inhaltsverzeichnis

Abbildungsverzeichnis

Tabellenverzeichnis

1 Einleitung

Einen Bauvertrag schließt man erwartungsgemäß nicht mit dem Hauptgedanken, dass er vorzeitig beendet werden könnte. Grundsätzlich wird die Vertragserfüllung und somit die partnerschaftliche Beendigung nach vollständiger Leistungserbringung angestrebt. Kommt es dennoch zur Kündigung, ist es für beide Vertragsparteien von besonderer Bedeutung, dass entsprechende Vereinbarungen das weitere Vorgehen regeln. An die Stelle solcher *„Spielregeln"* rücken dann im Falle von nicht explizit getroffenen Vereinbarungen quasi „automatisch" solche Regelungen, welche der Gesetzgeber für die Eventualität der vorzeitigen Vertragsbeendigung vorgesehen hat.

Nachfolgend werden die Grundsätze der Kündigung erläutert, diese in den Bauablauf eingeordnet und entsprechend der geschlossenen Vertragsart die unterschiedlichen Kündigungsmöglichkeiten mit ihren korrelierenden Rechtsfolgen vorgestellt, sodass abschließend eine Übersicht der verschiedenen Kündigungsarten mit den entsprechenden Voraussetzungen und Abrechnungsgrundsätzen vorliegt. Hierzu werden folgende Aspekte herausgearbeitet:

- Vorstellung der allgemeinen Grundsätze zur Kündigung, beginnend beim geschlossenen Vertrag
- Darstellung der allgemeinen Wirkungen von Kündigungen
- Gegenüberstellung der verschiedenen Kündigungsarten, sortiert nach Vertragsart und kündigender Vertragspartei
- Erläuterung der Abrechnungskriterien und der dabei zu berücksichtigenden Aspekte

© Der/die Autor(en), exklusiv lizenziert an Springer Fachmedien Wiesbaden GmbH, ein Teil von Springer Nature 2024

M. Linnemann et al., *Kündigungsvergütung von Bauverträgen*,
https://doi.org/10.1007/978-3-658-42892-1_1

2 Rechtlicher Hintergrund einer Vertragskündigung

Um eine geordnete – außerplanmäßige – Vertragsbeendigung und -abrechnung zu ermöglichen, hat der Gesetzgeber Regelungen formuliert, auf die im Kündigungsfall zurückgegriffen werden kann. Diese werden wiederum durch zusätzliche Regelwerke aufgegriffen und zum Teil vertiefend weiterentwickelt. Dieses „Potpourri" an Informationen aus Gesetzgebung, Rechtsprechung sowie Verordnungen und Fachliteratur bildet das Fundament für dieses Kapitel. Nachfolgend werden die rechtlichen Hintergründe der vorzeitigen Vertragsbeendigung näher erläutert und übersichtlich dargestellt.

2.1 BGB- und VOB-Bauvertrag

Bevor gekündigt werden kann, muss zunächst ein entsprechend kündbarer, namentlich ein wirksamer Vertrag zwischen dem AG und dem AN geschlossen worden sein. Das private Baurecht organisiert dabei die rechtlichen Beziehungen der an einer Baumaßnahme beteiligten Vertragspartner. Den Mittelpunkt begründet dabei das Bürgerliche Gesetzbuch (BGB) mit seinem Werkvertragsrecht[1]und der dort seit dem Jahr 2018 enthaltenen ergänzenden Regelungen zum Bauvertrag[2] als rechtliche Grundlage. Die für die Baumaßnahmen erforderlichen Leistungen, die Vergütung, mögliche Fristen, oder Vorgaben zur Ausführung etc. werden dabei in entsprechenden Regelungen bestimmt. Wesentliche Basis im Rahmen der hiermit vorliegenden Betrachtung ist somit der BGB-Werkvertrag. Die konkreten Vertragspflichten der Parteien im Zusammenhang mit einem Bauvertrag sind zudem auch der Vergabe- und Vertragsordnung für Bauleistungen (VOB)

[1] §§ 631 ff. BGB.

[2] §§ 650a – 650v BGB.

© Der/die Autor(en), exklusiv lizenziert an Springer Fachmedien Wiesbaden GmbH, ein Teil von Springer Nature 2024

M. Linnemann et al., *Kündigungsvergütung von Bauverträgen*,
https://doi.org/10.1007/978-3-658-42892-1_2

zu entnehmen, welche im Einzelfall als Vertragsbestandteil mit dem Charakter von Allgemeinen Geschäftsbedingungen (AGB) zusätzlich vereinbart werden kann. Hierauf wird nachfolgend noch näher eingegangen.

Zunächst formuliert der § 631 BGB die vertragstypischen Pflichten des AN für einen solchen Vertrag. Im BGB wird der AN durchweg als *„Unternehmer“* bezeichnet, wohingegen der AG *„Besteller“* genannt wird.[3] Es steht die *„Herstellung des versprochenen Werkes“*[4], mit dem durch den AN/Unternehmer herbeigeführten Werkerfolg, der Zahlung der *„vereinbarten Vergütung“*[5] durch den AG/Besteller als jeweilige vertragliche Hauptpflicht gegenüber.

Auch der Bauvertrag stellt einen solchen Werkvertrag dar. Zum 01. Januar 2018 wurde dieser gesondert in das BGB zu den Regelungen des Werkvertragsrechts mit aufgenommen, da der Werkvertrag bis dahin weniger spezifische Regelungen für tatsächliche Bauvorhaben, als primär allgemeingültige Regelungen für das Rechtsverhältnis zwischen AG und AN mit dem Erfordernis, einen Werkerfolg zu erzielen, aufwies.[6] Der Gesetzgeber hat dabei erkannt, dass *„Bauverträge typischerweise auf längerfristige Zusammenarbeit angelegt sind und ihre zweckentsprechende Abwicklung deshalb Gesetzmäßigkeiten unterliegt, die spezielle, im allgemeinen Werkvertragsrecht nicht abgebildete, gesetzliche Regelungen erfordern“*[7]. Diese weitergehenden Regelungen fanden mit dem § 650a ff. BGB schließlich Einzug in die Regelungen zum klassischen Werkvertrag. In der Formulierung des Bauvertrags wird dazu festgehalten, dass ein Vertrag *„über die Herstellung, die Wiederherstellung, die Beseitigung oder den Umbau eines Bauwerks, einer Außenanlage oder eines Teils davon“*[8] geschlossen wird. Ergänzend wird ab dem § 650p BGB ebenfalls der Architekten-, und Ingenieurvertrag unter dem Bereich des Werkvertrags im BGB separat aufgeführt. Spezifikationen des Bauvertrags im Vergleich zum Werkvertrag finden sich dabei u. a. im Anordnungsrecht des AG nach § 650b BGB, der Vergütungsanpassung bei Anordnung in § 650c BGB oder der Regelung zur Bauhandwerkersicherung in § 650 f. BGB, welche indes inhaltsgleich in der vorherigen Fassung des BGB im § 648a enthalten war.

Ein Werkvertrag nach BGB, mit seinen allgemein gehaltenen Regelungen, kann grundsätzlich auch für weitere handwerkliche Tätigkeiten, losgelöst vom Kontext einer Baumaßnahme, geschlossen werden. Als Beispiel können hier die Leistungen eines

[3] Vgl. Wirth/Schneeweiß, in Öffentliches Baurecht praxisnah – Basiswissen mit Fallbeispielen, 2. Auflage 2016, S. 12.

[4] §§ 631 und 632 BGB.

[5] § 631 BGB.

[6] Vgl. Wirth et al., S. 13.

[7] Kniffka in Kniffka/Koeble/Jurgeleit/Sacher, Kompendium des Baurechts, Teil 2 Rn 4.

[8] § 650a BGB.

Tischlers oder auch eines Dachdeckers herangezogen werden. Folglich finden die werkvertraglichen Regelungen der §§ 631 ff. BGB Anwendung auf einen derartigen Vertrag.[9]

Es ist darüber hinaus auch möglich, dass anstelle eines Bauvertrags nach BGB ein sogenannter „VOB-Vertrag“ geschlossen wird. Die Vergabe- und Vertragsordnung für Bauleistungen (VOB) beinhaltet seit dem Jahr 1926, und somit weit vor der Einführung des Bauvertragsrechts im BGB zum 01. Januar 2018, detaillierte Regelungen zu den Ablaufphasen einer Baumaßnahme. Der signifikante Unterschied zum BGB ist dabei, dass es sich bei der VOB um kein Gesetz, sondern um ein eigenes für Baumaßnahmen geschaffenes Regelwerk handelt.[10] Diese Regelungen haben den Charakter von vertragswirksam zu vereinbarenden Allgemeinen Geschäftsbedingungen (AGB).

Die VOB gliedert sich in die drei Teile, VOB/A „Allgemeine Bestimmungen für die Vergabe von Bauleistungen“, VOB/B „Allgemeine Vertragsbedingungen für die Ausführung von Bauleistungen“ sowie VOB/C „Allgemeine Technische Vertragsbedingungen für Bauleistungen (ATV)“. Bereits für die Vergabe ist dabei die Berücksichtigung der VOB/A nach § 99 GWB (Gesetz gegen Wettbewerbsbeschränkungen) für den öffentlichen Auftraggeber verpflichtend. Daraus folgt schließlich in § 8a Abs. 1 VOB/A, dass die Teile B und C der VOB Bestandteile des Vertrags werden. Auch wenn sich nicht-öffentliche Auftraggeber nicht zwingend an die Regelungen der VOB/A halten müssen, steht es solchen gleichwohl frei, die Regelungen der VOB/B und VOB/C dennoch ebenso wirksam zum Bestandteil des zu schließenden Vertrages zu machen. Mit der Regelung in § 1 Abs. 1 VOB/B ist der Teil C ein automatisch – und untrennbar – verbundener Bestandteil eines geschlossenen VOB-Vertrags.

Die VOB/B gehört in der Rechtsnatur zu den Allgemeinen Geschäftsbedingungen (AGB) und unterliegt damit den Vorgaben zur Einbeziehung oder auch zur Inhaltskontrolle gemäß der §§ 305 ff. BGB. Wirksam in einen Vertrag einbezogen werden AGB, wenn diese durch eine Vertragspartei (dem *„Verwender“*) zum Vertragsschluss der anderen Partei (dem *„Vertragspartner“*) gestellt werden. Im Zuge einer Ausschreibung durch einen öffentlichen AG unter Einbeziehung der VOB/B führt dies folglich zur Vereinbarung eines VOB-Vertrags, wobei der öffentliche AG somit der *Verwender* der AGB ist[11]. Bezogen auf die Inhaltskontrolle der AGB nach § 307 BGB erfolgt eine sogenannte „Privilegierung der VOB“, da eine Inhaltskontrolle entfällt, sofern die VOB/B gemäß § 310 Abs. 1 S. 3 BGB „im Ganzen“, d. h. ohne inhaltliche Abweichung, vereinbart wird. Dies geht auf eine Entscheidung des Bundesgerichtshofes (BGH) aus dem Jahr 1982 zurück, mit der Begründung, dass die VOB/B auf den ausgewogenen Interessenausgleich der Vertragsparteien abzielt. Würden einzelne Klauseln durch die Inhaltskontrolle für unwirksam erklärt, führte dies wieder zu einer denkbaren Unausgewogenheit.[12]

[9] Vgl. Wirth et al., S. 13 ff.

[10] Vgl. Kniffka et al.,Teil 2 Rn 156.

[11] Vgl. Kniffka et al., Teil 2 Rn 171–174.

[12] Vgl. BGH, Urt. v. 16.12.1982 – VII ZR 92/82, BauR 1983, 362.

Schon geringe Abweichungen der Inhalte des Vertrages zu denen der vereinbarten VOB/B können bewirken, dass die VOB/B nicht als „im Ganzen" vereinbart angesehen wird und somit der *„Privilegierungsschutz"* entfällt.

Aber auch unabhängig von der VOB-Nutzung des öffentlichen AG kann diese Form des Vertrages geschlossen werden[13]. Dafür gelten die zugehörigen Maßstäbe bzgl. der Anwendung von AGB im § 305 Abs. 2 BGB[14]. Eine weitere Vertiefung der Thematik des AGB-Rechts wird nachfolgend nicht vorgenommen.

Wird ein VOB-Vertrag mit einem BGB-Vertrag verglichen, fallen einzelne wichtige Unterschiede auf.

Dies betrifft beispielsweise Regelungen zu den Bauablaufphasen. Die Verjährungsfrist von Mängelansprüchen, welche in der VOB/B für Bauwerke mit vier Jahren und demgegenüber im BGB mit fünf Jahren datiert wird, kann dabei hervorgehoben werden.[15] Eine weitere Abweichung betrifft das mit dem Bauvertragsrecht in das BGB neu hinzugekommene Anordnungsrecht gemäß § 650 b BGB und seiner Rechtsfolge – dem Vergütungsanspruch – des § 650c BGB. Diese sind inhaltlich vom § 1 Abs. 3 und 4 VOB/B in Verbindung mit dem § 2 Abs. 5 und 6 VOB/B abzugrenzen.

Der BGB-Bauvertrag nimmt keine weitere Unterteilung von Bauvertragstypen vor. Im ersten Teil der VOB werden dagegen bereits im § 4 Abs. 1 Nr.1,2 VOB/A der Einheitspreisvertrag sowie der Pauschalpreisvertrag erwähnt und mit korrelierenden Regelungen im Teil B zur Ausführung von Bauleistungen vertieft. Diese Aufzählung ist dabei nicht abschließend, da sich auf Basis der Vertragsfreiheit weitere Bauvertragstypen, wie beispielsweise der Detail-Pauschalvertrag oder der Global-Pauschalvertrag als zusätzliche Unterkategorien des Pauschalpreisvertrages entwickelt haben und in der Baupraxis geschlossen werden.[16]

Der Schwerpunkt für die hier vorgenommene thematische Vertiefung, mit Blick auf den Aspekt der Kündigungsvergütung, wird auf den Einheitspreis- sowie auf den Pauschalpreisvertrag gelegt. Der Einheitspreis- sowie der Pauschalpreisvertrag können wie folgt kurz und knapp beschrieben werden: Beim Einheitspreisvertrag wird die Vergütung *„zu Einheitspreisen für technisch und wirtschaftlich einheitliche Teilleistungen, deren Menge nach Maß, Gewicht oder Stückzahl vorgegeben wird, vereinbart"*[17]. Der Pauschalpreisvertrag formuliert dagegen eine Pauschalsumme, welche für die gesamte Vertragsleistung vereinbart wird[18].

---

[13] Vgl. Kniffka et al., Teil 2 Rn 222–237.

[14] Vgl. Kniffka et al., Teil 2 Rn 192.

[15] § 13 Abs. 4 Nr. 1 VOB/B, § 634a BGB.

[16] Vgl. Börgers/Jung, in Würfele/Sohn/Meier, Lehrbuch des Privaten Baurechts, 2018., Kap. 3, Rn 298.

[17] Kniffka et al., Teil 4 Rn 73.

[18] Vgl. § 4 Abs. 1 Nr. 2 VOB/A.

2.2 Beendigungsmöglichkeiten eines Bauvertrags

Der lateinische Grundsatz *„pacta sunt servanda"*, zu Deutsch *„Verträge sind einzuhalten"*, steht über jedem Vertrag, beschreibt er doch die Treuepflicht der Vertragsparteien dem geschlossenen Vertrag gegenüber.[19] Diese Idealvorstellung zur Vertragstreue kann analog auf einen Bauvertrag übertragen werden. Im Laufe der Baumaßnahme kann es jedoch durchaus passieren, dass der AG oder der AN von diesem Ideal abrückt und kein Interesse mehr an einem Vertragsfortbestand hat. Dazu können bei den Parteien verschiedene Gründe geführt haben. Die Realisierung des Kündigungswunsches ist allerdings an die Einhaltung vorgeschriebener Voraussetzungen und Konsequenzen gebunden. Entsprechende Regelungen zur Kündigung durch den AG oder den AN finden sich demzufolge sowohl im BGB als auch in der VOB/B.

Bei der Kündigung handelt es sich um eine *„einseitige empfangsbedürftige Willenserklärung"*[20]. Das Vertragsverhältnis wird *„ex nunc"*, also zu Deutsch *„für die Zukunft"*, aufgehoben. Weder das BGB noch die VOB berücksichtigen eine spätere Rückabwicklung der Kündigung. Somit wird die Pflicht des AN zur Herstellung des vereinbarten Werkes analog zur Mitwirkungspflicht des AG hinfällig.[21]

Wichtig für die Wirksamkeit einer Kündigung ist, dass die Kündigung wirksam an den direkten Vertragspartner oder seine Bevollmächtigte erklärt und adressiert wird. Andernfalls könnte auch eine Unwirksamkeit im Raum stehen, beispielsweise wenn nach § 174 BGB keine entsprechende Vollmacht vorgelegt werden kann und die Kündigung deshalb zurückgewiesen wird. Ob eine Kündigung wirksam oder unwirksam ist, regelt die Auslegung des Kündigungsschriftsatzes, wobei die Kündigung eines VOB- oder BGB-Bauvertrages folglich der Schriftform gemäß § 126 BGB bedarf. Dies wird in den § 650h BGB, § 8 Abs. 6 VOB/B sowie § 9 Abs. 2 S. 1 VOB/B festgehalten. Dabei kann es somit ausreichen, dass im Falle einer Nichteinhaltung des Schriftformerfordernisses eine Kündigung gemäß § 125 S. 2 BGB als unwirksam zu bewerten ist.[22] Betitelt werden muss das Schriftstück nicht mit „Kündigung", denn auch eindeutige Überschriften wie „Vertragsbeendigung" etc. sind ausreichend.[23] Maßgebend ist allein, dass sich dem Text deutlich entnehmen lässt, dass der Erklärende den Vertrag nicht fortbestehen lassen möchte.

Vergleicht man die Kündigungsmöglichkeiten des BGB-Bauvertrags mit den Regelungen der VOB, wird ersichtlich, dass die VOB/B auf die Bauablaufphasen

---

[19] Linnemann/Kaltenborn/Viering, Preisexplosion am Bau – Die Zukunft pragmatisch kalkulieren, 2022, Springer Vieweg, Wiesbaden, Kap. 6, S. 21.

[20] Kniffka et al., Teil 8 Rn 1–2.

[21] Vgl. Kniffka et al., Teil 2 Rn 102 ff.

[22] Vgl. Kniffka et al., Teil 8 Rn 1 ff.

[23] Vgl. OLG München, Beschl. v. 07.10.2019–28 U 442/19, BGH, Beschl. v. 23.09.2020 – VII ZR 251/19, IBR 2021, 12.

zugeschnitten ist und nach Kündigungsgründen gliedert. Analog zum BGB finden sich auch in der VOB/B darüber hinaus ebenfalls die *„freie"* sowie die *„außerordentliche"* Kündigung, und es wird gleichermaßen unterschieden, welche Vertragspartei die Kündigung ausspricht. Sowohl der AG als auch der AN kann einen VOB-Vertrag kündigen, sie müssen sich jedoch an festgeschriebene Bedingungen halten, bzw. Kündigungsanforderungen gerecht werden.

Eine *„freie Kündigung"* ist indes für den AN weder in der VOB noch im BGB möglich. Diese Form der Kündigung wird ausschließlich dem AG zugesprochen. Das Druckmittel für einen AN wäre auch unzumutbar hoch, wenn er sich jederzeit ohne besonderen Grund vom Vertrag lösen könnte. Vergleicht man die *„freie Kündigung"* der VOB/B und des BGB miteinander, lässt sich feststellen, dass die Kündigungsregelungen im § 648 BGB sowie § 8 Abs. 1,2 VOB/B inhaltlich übereinstimmen und sich lediglich in Bezug auf die Wortwahl unterscheiden.

Neben den Möglichkeiten zur *„ordentlichen Kündigung"* sind auch weitere Kündigungsmöglichkeiten für den Bauvertrag formuliert. Dazu sind im BGB und der VOB/B die außerordentlichen Kündigungen bzw. die Kündigungen aus wichtigem Grund im § 648a BGB und § 8 Abs. 2 bis 4 VOB/B fixiert. Die Mahnung durch den AG sowie die Fristsetzung und Androhung der Kündigung, der sogenannten „Fristsetzung mit Ablehnungsandrohung", sind hier erforderlich.[24] Die BGB-Kündigung dazu legt keine exemplarischen Gründe fest, gibt aber einen Rahmen vor, in welchem sich entsprechende Kündigungsgründe bewegen können.

[24] Vgl. Kniffka et al., Teil 10 Rn 303.

Kündigung eines BGB-Bauvertrags 3

3.1 Kündigung durch den AG

„Freie" oder „ordentliche" Kündigung nach § 648 BGB

In § 648 BGB ist die „freie" bzw. ordentliche Kündigung durch den AG fixiert. Die Regelungen in Satz 1 geben dabei die notwendigen Bedingungen für die Kündigung vor, während Satz 2 und 3 die Rechtsfolgen regeln. Das Kündigungsrecht des AG beginnt mit dem geschlossenen Vertrag und endet mit der Abnahme des Werks. Darüber hinaus werden noch die Gewährleistungsansprüche berücksichtigt.[1] Der AG kann daher jederzeit, bis zur Abnahme der Leistung, den Bauvertrag „frei" kündigen. Er muss dem AN dafür weder vorab eine Frist setzen, noch muss er seine Kündigung begründen. Dem AG steht somit im Falle einer solchen Kündigung eine „Sonderregelung" zu, welche in dieser Form für den AN nicht gilt. Als Begründung wird in der Praxis angebracht, dass das Interesse des AG schwerpunktmäßig auf der Herstellung des Werkes liegt, wohingegen der AN sein Hauptaugenmerk auf die Vergütung legt.[2]

Als Rechtsfolge der Kündigung wird das vorherige Erfüllungsverhältnis zu einem Abrechnungsverhältnis und eine Abnahme für diese Leistungen kann vom AN verlangt werden. Eine Abnahme ist dabei insofern erforderlich, um somit die weiteren Rechtsfolgen der Abwicklung *„in Gang zu setzen"*.[3] Diese Rechtsfolgen werden in den folgenden Kapiteln vorgestellt. Die Kündigung steht insofern rechtlich keiner Abnahme

---

[1] Vgl. Kniffka et al., Teil 8 Rn 20.

[2] Vgl. Althaus, in Althaus/Heindl, Der öffentliche Bauauftrag, 2013, Kap. 8 Teil 6 – Kündigung, Rn 4.

[3] Vgl. Kniffka et al., Teil 4 Rn 494.

© Der/die Autor(en), exklusiv lizenziert an Springer Fachmedien Wiesbaden GmbH, ein Teil von Springer Nature 2024

M. Linnemann et al., *Kündigungsvergütung von Bauverträgen*,
https://doi.org/10.1007/978-3-658-42892-1_3

gleich. Die Möglichkeit einer Teilkündigung wird an dieser Stelle nicht näher ausgeführt, folgt aber prinzipiell sachlogisch den gleichen Bedingungen.

„Außerordentliche Kündigung" nach § 649 BGB
Der auf die gesetzlichen Regelungen zur „freien" Kündigung folgende § 649 BGB regelt den Fall der „außerordentlichen" Kündigung durch den AG. Dabei wird diesem ein Kündigungsrecht zugesprochen, sofern der AN einen beauftragten Kostenanschlag bzw. Kostenvoranschlag erstellt, sich dieser aber für ein Bauwerk als nicht ausreichend herausstellt, da wesentliche Mehrkosten zu erwarten sind.[4] Der Kostenvoranschlag stellt dabei den Preis dar, auf den sich der AN für sein selbst zu erbringendes Werk bezieht. Dessen Überschreitung darf hierzu nicht unwesentlich, sondern muss erheblich sein. Wichtig ist weiterhin für die Durchsetzung eines derartigen Kündigungsanspruchs, dass der Kostenvoranschlag zudem Teil der Geschäftsgrundlage geworden ist. Etwaige Änderungsanordnungen dürfen die Kosten dabei nicht gesteigert haben.[5] Um einer derartigen Problematik mit anschließender Kündigung durch den AG entgegenzuwirken, ist der AN gemäß § 649 Abs. 2 BGB angehalten eine Überschreitung des Kostenvoranschlags beim AG unverzüglich anzuzeigen. Mit dieser Anzeige informiert der AN den AG über die Kostenentwicklung und gibt ihm zudem die Möglichkeit über das weitere Vorgehen bzgl. Kosten und Vertragsweiterführung zu entscheiden.[6]

3.2 Kündigung durch den AN

„Außerordentliche Kündigung" – Kündigung bei unterlassener Mitwirkung nach § 643 BGB
Wie die Kündigung nach § 648 BGB dient auch diese Kündigungsmöglichkeit lediglich einer der beiden Vertragsparteien, in diesem Fall aber dem AN. Im Zuge einer nicht getätigten erforderlichen Mitwirkungshandlung des AG nach § 642 BGB, beispielsweise durch Unterlassen einer Handlung wie z. B. dem Bereitstellen des Grundstücks, kommt es zur Störung des Bauablaufs. Zu den Mitwirkungshandlungen kann darüber hinaus auch das Nicht-Aushändigen erforderlicher Ausführungspläne gezählt werden, ebenso wie eine erforderliche, aber fehlende rechtzeitig getroffene Entscheidung des AG. Zu den nicht getätigten Mitwirkungshandlungen werden weiterhin gezählt, dass der AG vertraglich vereinbarte Termine nicht wahrnimmt oder Vorleistungen anderer Gewerke ausstehen.[7] Bei der Betrachtung der Mitwirkungshandlung ist zwischen

[4] Vgl. Mintgens, in Würfele et al., Kap. 9 Rn 1068.
[5] Vgl. Jauernig, Bürgerliches Gesetzbuch, 18. Auflage 2021, BGB § 649 Kostenanschlag, Rn 2–4.
[6] Vgl. Mintgens, in Würfele et al., Kap. 9 Rn 1114 ff.
[7] Vgl. Kniffka et al., Teil 5 Rn 97 ff.

der Mitwirkungs*obliegenheit* und der Mitwirkungs*pflicht* zu differenzieren.[8] Dies ist jedoch nicht Gegenstand der weiteren Ausführungen. Ebenso wird darüber diskutiert, ob die Kündigungsfolge des § 643 BGB voraussetzt, dass aufgrund der ausstehenden Mitwirkungshandlung des AG, zu der nach § 642 BGB aufgefordert wurde, keinerlei Bautätigkeit mehr möglich ist. Auch diese Erörterung ist nicht Gegenstand dieser Ausführungen, soll aber der Vollständigkeit halber erwähnt sein.

Im Zuge dieses Kündigungsanspruches ist der AN gemäß § 643 S. 1 BGB berechtigt eine angemessene Frist zur Nachholung zu bestimmen, inklusive einer Kündigungsankündigung für den Fall, dass es zu einer Fristüberschreitung kommen sollte. Ein Verzug setzt das Nicht-Einhalten einer verbindlichen Frist voraus. Insofern ist die Fristsetzung mit Ablehnungsandrohung durch den AN bei dieser Form der Kündigung eine zwingende Voraussetzung.

Nach fruchtlosem Ablauf der Frist bedarf es keiner gesonderten Kündigungserklärung mehr. Die Wirksamkeitsvoraussetzung hier ist indes der Annahmeverzug des AG mit gleichzeitigem ausdrücklichem Hinweis auf die Leistungsbereitschaft und -fähigkeit seitens des AN.[9]

„Außerordentliche Kündigung" – Kündigung bei fehlender Bauhandwerkersicherung nach § 650 f BGB

Diese Kündigungsmöglichkeit beruht darauf, dass der AN eine Bauhandwerkersicherheit über die noch nicht gezahlte, jedoch im Vertrag vereinbarte Vergütung vom AG verlangen kann. Daran bemisst sich insofern die Höhe der Sicherheit, als die voraussichtliche Vergütung inkl. einer 10-%igen Pauschale für Nebenkosten zugrunde gelegt wird. Als Grundlage für eine Schätzung bzw. Bestimmung der Höhe, können das Leistungsverzeichnis, Stundenpreise oder auch die Pauschalsumme herangezogen werden.[10] Die Form der Sicherheit ist dabei variabel, und kann in Form einer *„Garantie oder einem sonstigen Zahlungsversprechen bestehen. In der Regel wird als Sicherheit eine Bürgschaft überreicht."*[11]

Gemäß § 650 f. Abs. 5 BGB kann der AN, nachdem er dem AG dafür eine entsprechende Frist gesetzt hat, seine Leistung verweigern und sogar den Vertrag „aus wichtigem Grund" kündigen. Eine konkrete Androhung der Arbeitseinstellung oder Kündigung ist nicht notwendig, ist jedoch empfehlenswert. Die Zeitspanne der gesetzten Frist sollte es dem AG ermöglichen, die *„Sicherheit ohne schuldhaftes Verzögern"*[12] zu beschaffen. Eine angemessene Frist beträgt 1–2 Wochen, wobei auch eine geringere

---

[8] Vgl. Kniffka et al., Teil 11 Rn 832 ff.

[9] Vgl. Kniffka et al., Teil 7 Rn 55–58.

[10] Vgl. Voit, in BeckOK BGB, Hau/Poseck 59. Edition, Stand: 01.05.2020, BGB § 650 f. Bauhandwerkssicherung, Rn 9.

[11] Vgl. Mintgens in Würfele et al. Kap. 10 Rn 1202.

[12] KG, Beschl. v. 05.01.2021–27 W 1054/20, IBR 2021, 181.

Frist – unter Berücksichtigung der Umstände des Einzelfalls – als durchaus angemessen angesehen werden kann.[13] Um auf Nummer sicher zu gehen, wird Auftragnehmern regelmäßig empfohlen, eine Frist von acht Bankarbeitstagen zu setzen.

Keine Anwendung findet diese Forderung nach Sicherheit gemäß § 650 f. Abs. 6 BGB (Anwendung der Absätze 1–5) auf *„nicht insolvenzfähige juristische Personen des öffentlichen Rechts und öffentlich-rechtliches Sondervermögen"*.[14] Unter diese Regelung fällt damit der öffentliche AG, welcher folglich keine Bauhandwerkersicherung vorlegen muss. Ein Kündigungsrecht auf dieser Grundlage scheidet damit an dieser Stelle für den AN aus. Anderes gilt wiederum bei privatrechtlich organisierten Gesellschaften, auch wenn diese von der öffentlichen Hand gehalten werden. Da diese grundsätzlich insolvent werden können, greift § 650 f. Abs. 6 BGB nicht.

3.3 Kündigung durch den AG und den AN

„Kündigung aus wichtigem Grund" nach § 648a BGB
Eine weitere Kündigungsmöglichkeit regelt § 648a BGB. Diese fristlose Kündigungsmöglichkeit steht beiden Vertragsparteien zur Verfügung, bringt jedoch im Gegensatz zur Kündigung nach § 648 BGB weitere Voraussetzungen mit sich. Die freie Kündigung nach § 648 BGB durch den AG wird durch diese Kündigung nicht beeinträchtigt, bleibt also weiterhin grundsätzlich auch als *„Rückfallebene"* im Falle der Unwirksamkeit anderer Kündigungsformen bestehen.

Die Unzumutbarkeit der Vertragsfortsetzung bis zu Vertragserfüllung ist hierbei die begründende Voraussetzung. Mit anderen Worten: Eine als solche vergleichbare tiefe *„Störung der Vertrauensgrundlage"*[15] liegt vor, wenn beispielsweise der AN unberechtigt ohne bestehende vertragliche Vereinbarung einen Nachunternehmer beauftragt, welcher nicht im zugehörigen Verzeichnis genannt ist.[16]

Einzelne weitere Kündigungstatbestände, wie sie im § 8 VOB/B aufgeführt werden, finden sich im BGB indes nicht.

Im § 648 Absatz 2 BGB wird zudem eine Teilkündigung erwähnt, bezogen auf einen *„abgrenzbaren Teil des geschuldeten Werkes"*[17]. Es muss demnach nicht grundsätzlich der vollständige Bauvertrag gekündigt werden.

Wurde eine Kündigung ausgesprochen, können beide Parteien nach § 648a Abs. 4 BGB die Mitwirkung an einer Feststellung des Leistungsstandes verlangen. Dies ist

[13] Vgl. Kniffka et al., Teil 9 Rn 160–162.

[14] Althaus, in Althaus et al., Kap. 9 Teil 7 – Sicherheit, Rn 35.

[15] Mintgens in Würfele et al., 2018, Kap. 9 Rn 1068.

[16] Vgl. § 8 Abs. 3 VOB/B.

[17] § 648a Abs. 2 BGB.

aus baubetrieblich-sachverständiger Sicht ausdrücklich empfohlen, um im Zuge der Abrechnung eine einvernehmliche Differenzierung zwischen erbrachter und nicht erbrachter Leistung vornehmen zu können. Insofern ist bei der Fristsetzung für die Leistungsfeststellung auch auf den Zeitpunkt der Arbeitsaufnahme durch Nachfolgeunternehmer zu achten.

Die Abnahme der erbrachten Leistungen wird damit direkt eingefordert. Wird dieser Vertragspflicht aus „willkürlichen" Gründen, wie beispielsweise dem Fernbleiben von einem gemeinsamen Termin, und somit vorsätzlich nicht nachgekommen, trifft diese Partei die *„Beweislast für den Leistungsstand zum Zeitpunkt der Kündigung"*.[18]

[18] § 648a Abs. 4 BGB.

4 Kündigung eines VOB-Bauvertrags

4.1 Kündigung durch den AG

„Freie" oder „ordentliche" Kündigung nach § 8 Abs 1 VOB/B

Die Regelungen des § 8 Abs. 1 und 2 VOB/B entsprechen inhaltlich denen des § 648 BGB. Es erfolgt dort auch ein unmittelbarer Querverweis. Der AG kann während jeglicher Bauablaufphasen, selbst vor Baubeginn, bis hin zur Fertigstellung des Werks, den Vertrag jederzeit kündigen. Fertigstellung bzw. Vollendung bedeutet dabei, dass das Werk frei von wesentlichen Mängeln ist und die Abnahmereife besteht.[1] Ein Kündigungsgrund ist analog zum § 648 BGB nicht erforderlich.

Zudem wird auch hier angenommen, dass beim AG prinzipiell der Fokus auf der Ausführung des Werkes liegt, weshalb es ihm auch frei steht, auf die Erbringung der Leistung gänzlich zu verzichten. Ein entsprechendes *„schutzwürdiges Interesse an einer Ausführung der Bauleistung bzw. der Herstellung des Werkes"*[2] wird dem AN dagegen nicht zugesprochen.

Eine weitere Begründung, weshalb dem AN kein freies Kündigungsrecht zugesprochen werden kann, ist dabei weiterhin, dass sofern der Auftragnehmer eruiert, dass er ggf. „unterkalkuliert hat, den Vertrag kündigen könnte, um seinen Verlust zu begrenzen."[3] Eine Teilkündigung wird nicht explizit erwähnt, jedoch auch nicht ausgeschlossen. Die Vorgabe einer Teilkündigung auf lediglich in sich abgeschlossenen

---

[1] Vgl. § 641 BGB.

[2] Althaus et al., Rn 4.

[3] Bötzkes, Die Abrechnung eines gekündigten Bauvertrages, BauR 2016, 429–443 (Heft 3).

© Der/die Autor(en), exklusiv lizenziert an Springer Fachmedien Wiesbaden GmbH, ein Teil von Springer Nature 2024

M. Linnemann et al., *Kündigungsvergütung von Bauverträgen*,
https://doi.org/10.1007/978-3-658-42892-1_4

Teile ist hier nicht festgeschrieben, jedoch gegebenenfalls im Zuge einer technischen Differenzierung.[4]

Außerordentliche Kündigung wegen Vermögensverfalls des AN nach § 8 Abs. 2 VOB/B

Für eine solche Kündigungsbegründung werden potenziell vier detaillierte Voraussetzungen für die Kündigung durch den AG definiert. Eine Voraussetzung ist die **Zahlungseinstellung** des AN (beispielsweise gegenüber dessen Nachunternehmern), welche auf eine mögliche Zahlungsunfähigkeit hindeuten könnte. Dazu folgen als weitere mögliche Voraussetzungen der **Antrag zur Insolvenzeröffnung** durch den AN, AG oder Dritte, sowie die **Eröffnung eines Insolvenzverfahren** selbst oder die **Ablehnung einer Insolvenzeröffnung** mangels Masse.

Bezogen auf die Eröffnung eines Insolvenzverfahrens als Kündigungsvoraussetzung besteht eine Kollision mit der Insolvenzordnung (InsO). Dabei wird angenommen, dass der eingesetzte Insolvenzverwalter in seinem Wahlrecht beschnitten wird, da der § 119 InsO solche Vereinbarungen verbietet und der Insolvenzverwalter sodann keine Erfüllung mehr wählen könnte. Diese Gegenüberstellung und mögliche Konsequenzen für die Kündigung waren lange nicht endgültig rechtlich geklärt und daher regelmäßig Gegenstand von gerichtlichen Auseinandersetzungen. Dabei legte sich der für Bausachen zuständige 7. Zivilsenat des Bundesgerichtshofs schon im Jahr 2016 fest, dass § 8 Abs. 2 VOB/B nicht wegen eines möglichen Verstoßes gegen §§ 103, 119 InsO unwirksam sei.[5] Letzte Unsicherheit bestand deshalb, weil unklar war, ob der Insolvenzsenat des Bundesgerichtshofs diese Auffassung teilt. Nunmehr ist aber klar: das tut er.[6] § 8 Abs. 2 VOB/B ist damit als wirksam anzusehen.

Außerordentliche Kündigung wegen Fristablauf durch den AN nach § 8 Abs. 3 VOB/B

Der § 8 Abs. 3 VOB/B wird gemeinhin auch als *„Generalklausel"* bezeichnet, welche im Zuge von Vertragsverletzungen Anwendung finden kann.[7] Wird gemäß § 4 Abs. 7 VOB/B **(Mangelbeseitigung)** und § 4 Abs. 8 Nr. 1 VOB/B **(Leistungserbringung im eigenen Betrieb)** sowie § 5 Abs. 4 VOB/B **(Ausführungsverzögerung)** die vorgegebene verbindliche Frist durch den AN nicht eingehalten, hat der AG die Möglichkeit zu kündigen.[8]

Bislang war es also so, dass eine Kündigung möglich war, sofern der AN bereits vor der Abnahme ersichtliche Mängel bzw. vertragswidrige Leistungen nicht ordnungsgemäß

[4] Vgl. Althaus et al., Rn 5.

[5] Vgl. BGH, Urt. v. 07.04.2016 – VII ZR 56/15, IBR 2016, 346.

[6] BGH, Urt. v. 27.10.2022 – IX ZR 213/21, BeckRS 2022, 36530.

[7] Vgl. Bahner, VOB/B und VOB/C – Die praktisch-rechtliche Durchführung eines Bauvertrags nach VOB/B, 10.10.2020, S. 29.

[8] Vgl. BGH, Urt. v. 04.05.2000 – VII ZR 53/99, NJW 2000, 2988.

beseitigt, obwohl durch den AG bereits eine Fristsetzung und Kündigungsandrohung erfolgt ist.[9] Diese Kündigungsmöglichkeit besteht allerdings heute nicht mehr, denn der Bundesgerichtshof hat entschieden, dass § 4 Abs. 7 VOB/B der isolierten Inhaltskontrolle nicht standhält und daher unwirksam ist.[10] Die Entscheidung ist konsequent, weil der BGH schon zuvor entschieden hatte, dass der Besteller vor Abnahme keine Mängelrechte geltend zu machen berechtigt ist. Nunmehr ist also eine auf § 4 Abs. 7 VOB/B gestützte Kündigung nach § 8 Abs. 3 VOB/B als unwirksam anzusehen, was ein erhebliches Risiko für den Auftraggeber mit sich bringt – insbesondere dann, wenn er die aktuelle Rechtsprechung des Bundesgerichtshofs nicht kennen sollte.

Diese Möglichkeit, im Vorfeld bereits auf einer Mängelbeseitigung vor der Abnahme zu bestehen, wird dem AG in einem BGB-Bauvertrag von vornherein nicht zugesprochen. Hier stellt sich die Problematik also gar nicht.

Für den zweiten Fall lässt der AN unerlaubterweise Leistungen durch einen Nachunternehmer erbringen, obwohl er die Leistung selbst hätte ausführen müssen. Um Leistungen auf Dritte zu übertragen, benötigt der AN die Zustimmung des AG, außer er ist zu der entsprechenden Leistung betrieblich nicht in der Lage. Auch hier kann die erfolglose Fristsetzung und Kündigungsandrohung in einer Kündigung resultieren.

Des Weiteren werden als mögliche Kündigungsursachen drei Verzögerungstatbestände im § 8 Abs. 3 VOB/B in Verbindung mit § 5 Abs. 4 VOB/B genannt. Die Ausführungsverzögerung zu Beginn der Leistung oder zur Vollendung kann eine Kündigung wegen Verzug begründen, vorausgesetzt der AN hat entsprechende Fristsetzungen und Kündigungsandrohungen erhalten und diese dennoch ignoriert. Daneben kann ebenfalls eine unzureichende Baustellenausstattung mit zu wenig Geräten, Personal oder auch Bauteilen ein entsprechendes Kündigungsrecht auslösen. Regelmäßig findet dieses Kündigungsrecht Anwendung in Bezug auf den verzögerten Baubeginn nach § 5 Abs. 2 S. 2 VOB/B oder grundsätzlich dadurch, dass der AN verbindlich vereinbarte Fristen verstreichen lässt. Eine Vorgabe analog zur Festlegung des Baubeginns findet sich im BGB nicht. Wird nun die vereinbarte Fertigstellungsfrist überschritten befindet sich der AN in Verzug.[11]Der AN gerät jedoch *„nicht in Verzug, wenn er einer Weisung des Auftraggebers nicht folgt, die seine geltend gemachten Bedenken treuwidrig nicht berücksichtigt“*[12]. Als Beispiel kann ein Verstoß gegen die Regeln der Technik genannt werden. Weiterhin kann angeführt werden, dass sofern aufgrund von Umständen deutlich wird, *„dass die gesetzte Frist nicht eingehalten wird, […] der Auftraggeber auch vor Ablauf berechtigt“*[13] ist außerordentlich zu kündigen.

---

[9] Vgl. § 4 Abs. 7 VOB/B.

[10] BGH, Urt. v. 19.01.2023 – VII ZR 34/20.

[11] Vgl. Mintgens in Würfele et al., Kap. 9 Rn 1134–1137.

[12] OLG Dresden, Urt. v. 29.06.2022, 22 U 1689/20.

[13] OLG Frankfurt, Urt. v. 18.02.2021–22 U 103/19).

Die beschriebenen Tatbestände für eine außerordentliche Kündigung nach § 8 Abs. 3 VOB/B sind nicht gänzlich vollständig, da auch weitere erhebliche Vertragsverletzungen durch den AN dazu führen können, dass die Weiterführung des Vertrags für den AG unzumutbar wird. Ein solcher Tatbestand kann beispielsweise die Verletzung der Kooperationspflicht des AN durch eine Kündigung ohne vorangegangene Gespräche sein.[14]

Welche Tatbestände auch vorliegen, selbst die Beschränkung der Kündigung *„auf einen in sich geschlossenen Teil der vertraglichen“*[15] Leistung ist – wie beschrieben – möglich. Nach § 8 Abs. 3 Nr. 2 VOB/B hat der AG einen Anspruch darauf, anschließend die noch nicht fertiggestellte Leistung auf Kosten des AN durch ein anderes Unternehmen fertig stellen lassen, und für die weiteren Arbeiten Geräte bzw. weitere auf der Baustelle vorhandenen Einrichtungen des AN entgeltlich nutzen. Auch kann er auf eine Vollendung des Werks verzichten, sofern die Ausführung der Leistungen für ihn nicht mehr von Interesse ist. An dieser Stelle besteht schließlich auch die Möglichkeit für den AG Schadensersatz wegen Nichterfüllung einzufordern. Mögliche, dem AG entstehende, Mehrkosten sowie sonstige Ansprüche hat dieser aufzustellen und dem AN innerhalb von 12 Werktage nach Abrechnung durch den Dritten zukommen zu lassen.[16]

Außerordentliche Kündigung aus wichtigem Grund nach § 8 Abs. 4 VOB/B (seit 04/16)

Auch für diese Kündigungsmöglichkeit des AG werden analog zu den vorangegangenen Absätzen explizit Voraussetzungen definiert. Dazu gehört in der Vergabe eine Abrede des AN, die als unzulässige Wettbewerbsbeschränkung anzusehen ist. Weiterhin zählt nach § 8 Abs. 4 Nr. 2a VOB/B auch die unzulässige Beauftragung des AN basierend auf einem eigentlich vorliegenden Ausschlussgrund zum Zeitpunkt der Beauftragung dazu. Als Voraussetzungen nach § 8 Abs. 4 Nr. 2b VOB/B werden wesentliche Vertragsänderungen oder die Feststellung der Verletzung der Verträge über die EU oder deren Arbeitsweise durch den Europäischen Gerichtshof (EuGH) genannt. Eine Übersicht zu weiteren Aufzählungen findet sich dazu im in Bezug genommenen 4. Teil des GWB.

Die Kündigung muss daraufhin innerhalb von 12 Werktagen nach Bekanntwerden des Kündigungsgrundes erfolgen.

Die Kündigung nach § 8 Abs. 4 Nr. 2b VOB/B wird weiterhin mit dem § 6 Abs. 5 verknüpft, welcher die Nachunternehmerkette anspricht.

Gemäß § 8 Abs. 5 VOB/B besteht für den gekündigten AN analog ein Kündigungsrecht gegenüber seinem Nachunternehmer, sofern er Leistungen an diesen vergeben hat und sein eigener Hauptauftrag gekündigt wurde.[17]

---

[14] Vgl. Kniffka et al., Teil 6 Rn 58–63.

[15] § 8 Abs. 3 Nr. 1 VOB/B.

[16] Vgl. Kniffka et al., Teil 6 Rn 108.

[17] Vgl. Kniffka et al., Teil 6 Rn 57.

Grundsätzlich gilt für Kündigungen durch den AG, dass diese gemäß Absatz 6 schriftlich zu erklären sind, und der AN gemäß Absatz 7 Aufmaß und Abnahme unverzüglich verlangen kann und gleichermaßen eine prüfbare Abrechnung vorzulegen hat.

Eine nach Zeit bemessene Vertragsstrafe, welche jedoch wegen Verzugs bereits verwirkt ist, kann gemäß Absatz 8 nur für die Zeit bis zum Tag der Kündigung gefordert werden.[18]

4.2 Kündigung durch den AN

Außerordentliche Kündigung nach § 9 VOB/B

Die Kündigungsmöglichkeiten für den AN sind im Vergleich zu denen des AG weniger umfangreich und beschränken sich – wie bereits dargestellt und auch begründet – auf die außerordentliche Kündigung.

Für die AN-seitige Kündigung werden hier zwei Tatbestände formuliert. Der erste Tatbestand stellt den Annahmeverzug durch den AG nach § 9 Abs. 1 Nr. 1 VOB/B dar. Das bedeutet, dass der AG seine Mitwirkungspflicht verletzt und eine ihm obliegende Handlung unterlässt. Dadurch sieht sich der AN in seiner Leistungserbringung außer Stande, und kann folglich aufgrund von Gläubigerverzug kündigen. Welche Mitwirkungspflichten dafür aufgeführt und angenommen werden können, ist im Einzelfall zu prüfen. Eine Voraussetzung hierfür ist, dass die Mitwirkungshandlung des AG eine grundsätzliche Relevanz für Ausführung der Leistung des AN hat. Sieht sich der AN indes im Stande andere Leistungen im Zuge der unterlassenen Mitwirkungshandlung des AG vorzuziehen, besteht noch kein Kündigungsgrund nach § 9 Abs. 1 VOB/B.[19]

Der zweite Tatbestand wird in § 9 Abs. 1 Nr. 2 geregelt und beschreibt den Schuldnerverzug des AG, wenn dieser bspw. eine fällige Rechnung nicht begleicht. Der AG muss in Verzug geraten, wozu eine Fristsetzung mit Ablehnungsandrohung beispielsweise durch eine Mahnung vorausgesetzt wird. Der AN trägt dabei immer die Darlegungs- und Beweislast für die Rechtmäßigkeit seiner Kündigung. Bezogen auf eine Schlussrechnung ist die Kündigung nicht anwendbar, da mit der Abnahme das Erfüllungsstadium bereits erreicht ist. Diese Kündigung ist von daher nur bei Verzug im Rahmen von Abschlagszahlungen nach § 16 Abs. 1 Nr. 3 VOB/B möglich.[20]

Einen besonderen Schwerpunkt bzgl. der Mitwirkungspflicht bzw. der gemeinsamen Kooperationsverpflichtung bildet im Zusammenhang mit diesem Kündigungsrecht die gemeinsame Bauzustandsfeststellung nach § 4 Abs. 10 VOB/B. *„Die Vertragsparteien eines VOB/B-Vertrages sind während der Vertragsdurchführung zur Kooperation verpflichtet“*,

[18] Vgl. Kniffka et al., Teil 6 Rn 147.

[19] Vgl. Voit, in Messerschmidt/Voit, Privates Baurecht, 3. Auflage 2018, VOB/B § 9 Kündigung durch den Auftragnehmer Rn 1, 5.

[20] Vgl. Mintgens in Würfele et al., Kap. 9 Rn 1161.

führt auch der BGH regelmäßig wiederkehrend aus. Beide Parteien sind demzufolge auch *„grundsätzlich verpflichtet, durch Verhandlungen eine einvernehmliche Beilegung der Meinungsverschiedenheiten zu versuchen“*[21]

Wie bereits bei der Kündigung des AG nach § 8 VOB/B hat die Kündigung des AN gemäß § 9 Abs. 2 VOB/B schriftlich zu erfolgen, nachdem im Vorfeld eine entsprechend angemessene Frist zur Vertragserfüllung nebst Kündigungsandrohung erfolgte. Der Fristablauf führt dabei jedoch nicht zur direkten Vertragsauflösung, sondern der AN kann (und muss) dann durch die schriftliche Kündigungserklärung den Vertrag auflösen.

4.3 Kündigung durch den AG und den AN

Sonderkündigungsrecht nach § 6 Abs. 7 VOB/B

Mit § 6 Abs. 7 VOB/B steht beiden Vertragsparteien ein gleichberechtigtes Kündigungsrecht zu, wenn die Unterbrechung der Ausführung auf der Baustelle durchgehend länger als drei Monate andauert. Mit der Beschreibung, die Baustelle sei unterbrochen, wird bei differenzierter Betrachtung somit ein kompletter Stillstand vorausgesetzt. Das bedeutet, dass der AN im Zuge der Baustellenunterbrechung keine Möglichkeit hat, seiner geschuldeten Leistungsverpflichtung in irgendeiner Form nachzukommen. Diese dreimonatige Zeitspanne bezieht sich auch auf die Situation, dass bisher noch nicht mit der Baumaßnahme begonnen werden konnte, also eine erhebliche Anfangsverzögerung vorliegt. Wenn mit großer Sicherheit festgestellt werden kann, dass die Leistung länger als drei Monate unterbrochen sein wird, können die Vertragsparteien bereits im Vorfeld, bzw. im Verlauf der Unterbrechung kündigen. Sieht sich der AN in der Lage anderweitige Vertragsarbeiten während der Zeit der Unterbrechung zu leisten, greift dieses Kündigungsrecht nicht. Auch wird die Kündigungsmöglichkeit hinfällig, wenn die jeweilige Vertragspartei bereits vor Vertragsschluss Kenntnis über Unterbrechung in diesem Umfang hatte. Die Weiterführung des Vertragsverhältnisses muss zudem, um eine Kündigung zu rechtfertigen, eine Unzumutbarkeit für die kündigungswillige Vertragspartei darstellen.[22] Haben beide Vertragsparteien den Stillstand bzw. die Verzögerung gemeinschaftlich verursacht, steht beiden das Kündigungsrecht gleichermaßen zu. Die Kündigung hat schriftlich zu erfolgen. Sofern der AN den Stillstand nicht zu verschulden hat, sind ebenfalls seine Baustellenräumungskosten zu vergüten.[23]

---

[21] BGH, Urt. v. 28.10.1999 – VII ZR 393/98 (Frankfurt), NJW 2000, 807.

[22] Vgl. Kniffka et al., Teil 6 Rn 77 ff.

[23] Vgl. Althaus et al., Rn 133–134.

5 Zusammenfassung der Kündigungsmöglichkeiten von BGB- und VOB-Verträgen

Die Gründe für eine Vertragskündigung können vielfältig sein. Der AG – mit seinem primären Ziel der Fertigstellung des Werkes – wird sinnfällig andere Gründe anbringen als der AN, dessen Hauptaugenmerk auf der Vergütung – im besten Falle nach Vollendung – liegt. Zusammenfassend lässt sich feststellen, dass sowohl das BGB als auch die VOB/B Kündigungsrechte sowohl für den AG als auch für den AN vorsehen.

Dem AG steht das „freie" Kündigungsrecht nach § 648 BGB, das Kündigungsrecht wegen einer Kostenvoranschlagsüberschreitung nach § 649 BGB, sowie das Recht aus einem wichtigen Grund nach § 648a BGB zu kündigen zu. Dem gegenüber stehen dem AN die Kündigungsrechte aufgrund einer unterlassenen Mitwirkungshandlung des AG nach § 643 BGB, aufgrund einer nichtgestellten Sicherheit nach § 650 f. Abs. 5 BGB sowie das Kündigungsrecht aus wichtigem Grund nach § 648a BGB zu.

Auch in der VOB/B sind verschiedene Kündigungsrechte für den AG und den AN geregelt. Zusammengefasst hat der AG wiederum ein „freies" Kündigungsrecht nach § 8 Abs 1 VOB/B, ein Kündigungsrecht aufgrund des Vermögensverfalls des AN nach § 8 Abs. 2 VOB/B, ein außerordentliches Kündigungsrecht nach § 8 Abs. 3 VOB/B sowie das außerordentliche Kündigungsrecht nach § 8 Abs. 4 VOB/B. Dem gegenüber wird dem AN ein ausschließlich außerordentliches Kündigungsrecht nach § 9 VOB/B eingeräumt. Schließlich stellt § 6 Abs. 7 VOB/B bzgl. des Baustellenstillstandes von mehr als 3 Monaten ein Kündigungsrecht für beide Vertragsparteien dar.

Bei der außerordentlichen Kündigung müssen die Kündigungsgründe so schwer wiegen, dass ein Festhalten am und somit eine Weiterführung des Vertrags nicht zumutbar ist. Dies bringt jedoch auch Risiken mit sich, wenn die Gründe im Einzelfall betrachtet ggf. als nicht ausreichend beurteilt werden. Ein beispielhafter Kündigungsgrund des AG kann hierbei die konsequente Nichteinhaltung der allgemein anerkannten Regeln der Technik durch den AN sein, welche dieser bis zur Abnahme in ihrer zu diesem Zeitpunkt aktuellen Fassungen zu berücksichtigen hat. Ein gewichtiger Grund

© Der/die Autor(en), exklusiv lizenziert an Springer Fachmedien Wiesbaden GmbH, ein Teil von Springer Nature 2024

M. Linnemann et al., *Kündigungsvergütung von Bauverträgen*,
https://doi.org/10.1007/978-3-658-42892-1_5

für den AN kann in einer beständigen Vertragsverletzung durch den AG, bspw. durch die Nichteinhaltung von angemahnten Zahlungsfristen bestehen. Wird ein Kündigungsgrund des AN jedoch als nicht schwer genug bewertet, besteht die Gefahr, dass der AG seinerseits den Vertrag kündigt – mit den dann wirksamen Konsequenzen für den AN. Denn eine unwirksame Vertragskündigung durch den AN stellt eine derart schwerwiegende Vertragsverletzung dar, dass der AG mit seiner „Konterkündigung" Erfolg haben wird. Ebenso kann eine als außerordentliche Kündigung ausgesprochene Vertragsauflösung durch den AG infolge der Auslegung dazu führen, dass kein tatsächlich wichtiger Grund vorliegt, und die außerordentliche Kündigung damit unwirksam wäre. In einem solchen Fall wird diese unwirksame Kündigung gleichsam „umgedeutet", sodass diese schließlich als „freie" Kündigung gilt. Dies wird regelmäßig aufgrund der Auslegungsregel in Bauverträgen angenommen.[1] Eine tatsächlich unberechtigte außerordentliche Kündigung ist wiederum ein Kündigungsgrund für den AN, da das gegenseitige vertragliche Vertrauensverhältnis auf diese Weise empfindlich gestört oder gar zerstört wird.

Ein wesentlicher, wenngleich auch überraschender Vorteil einer Kündigung aus wichtigem Grund ist, dass dieser Grund nicht unmittelbar benannt werden muss. Er muss lediglich zum Kündigungszeitpunkt bestehen. In bestimmten Fällen kann auch noch im späteren Verlauf zur Verteidigung des Kündigungsrechts ein Grund angegeben werden[2]. Unabhängig von dieser Regelung zum Zeitpunkt der Benennung eines Grundes muss jedoch jeder genannte Grund den Anforderungen an eine außerordentliche Kündigung gerecht werden. Häufig ist eine außerordentliche Kündigung mit einer Fristsetzung und Kündigungsandrohung verknüpft, was das „Nachschieben" eines Kündigungsgrundes unmöglich machen kann. Eine explizite Kündigungsbegründung ist daher grundsätzlich zu empfehlen, um späteren Rechtstreitigkeiten vorzubeugen, respektive die mit einer Kündigungserklärung einhergehenden Risiken einschätzbar zu machen.

Die Thematik der Teilkündigung findet sich in beiden Vertragstypen wieder. Im § 648a Abs. 2 BGB wird durch den Gesetzgeber explizit eine Teilkündigung genannt, welche sich auf den *„abgrenzbaren Teil des geschuldeten Werkes"* bezieht. In der VOB/B wird dieser Teil als ein *„in sich abgeschlossener Teil der vertraglichen Leistung"*[3] definiert. Nach aktueller Rechtsprechung können *„in sich abgeschlossene Leistungen"* im Gegensatz zu *„abgrenzbaren Teilen"* nicht in einem Gewerk vorliegen. Prinzipiell muss schließlich klar ersichtlich sein, welche Leistungen von der Teilkündigung betroffen sind.[4]

Des Weiteren spielt der Zeitpunkt der Kündigung eine Rolle. Grundsätzlich kann die Kündigung nach einem wirksamen Vertragsschluss erfolgen. Liegt dagegen ein unwirksamer Vertrag vor, kann dieser sinnlogisch auch nicht gekündigt werden. Eine Vertiefung

---

[1] Vgl. Kniffka et al., Teil 8 Rn 15.

[2] Vgl. Kniffka et al. Teil 8 Rn 22.

[3] § 8 Abs. 3 Nr. 1 VOB/B.

[4] Vgl. BGH Urt. v. 20.08.2009 – VII ZR 212/07. NJW-Spezial 2009, 732.

dazu mit Blick auf schwebend unwirksame Verträge wird an dieser Stelle nicht weiter vorgenommen.[5]

Eine Kündigung, ausgesprochen durch den AG oder AN, kann somit noch bis zur Vertragserfüllung erfolgen. Die Vertragserfüllung endet mit der Werksabnahme nach § 12 VOB/B bzw. 640 BGB. Nach der Abnahme kann keine Kündigung mehr erfolgen, sieht man von dem Sonderfall ab, dass der AG bei Vorliegen der entsprechenden Voraussetzungen auch das Mangelbeseitigungsrecht des AN kündigen kann, um eine Mangelbeseitigung sodann durch einen Dritten im Wege der Ersatzvornahme durchführen zu lassen. Wird die Abnahme aufgrund von gravierenden Mängeln verweigert, kann somit auch weiterhin noch gekündigt werden.

Ein weiterer Aspekt, der den Zeitpunkt betrifft, ist die vorgeschaltete *„Fristsetzung mit Ablehnungsandrohung"*, welche für einige Kündigungsoptionen als Wirksamkeitsvoraussetzung dient. Eine wirksam gesetzte Frist muss zwingend auch eingehalten werden, da ansonsten eine vorfristig getätigte Kündigungserklärung unwirksam wäre.[6]

Die Unterschiede der verschiedenen Kündigungsmöglichkeiten finden sich insbesondere in den konsekutiven Rechtsfolgen, welche die Kündigun.

---

[5] Vgl. Kniffka et al., Teil 8 Rn 20.

[6] Vgl. OLG Düsseldorf BauR 2001.

6 Rechtlicher Hintergrund der Kündigungsvergütung

In diesem Kapitel werden die entsprechenden Vergütungsansprüche des AN und die Rechtsfolgen zu den jeweiligen Kündigungsmöglichkeiten vorgestellt. Nach einer allgemeinen Darstellung, entsprechender Konsequenzen aus Kündigungserklärungen, folgt darauf aufbauend die differenziertere Vorstellung der Abrechnung von Einheitspreis- bzw. Pauschalpreisverträgen, hinsichtlich der Gemeinsamkeiten und Unterschiede. Den Abschluss dieses Kapitels bildet eine Zusammenfassung der Rechtsfolgen der bereits vorgestellten Kündigungsmöglichkeiten.

Allgemeine Vorstellung der Rechtsfolgen nach Kündigung
„Je früher der Zeitpunkt der Kündigung zwischen Bauvertragsschluss und (theoretischer) Abnahme liegt, je teurer wird die Kündigung jedoch für den Auftraggeber.“[1] Aus diesem Zitat lässt sich ableiten, dass eine Kündigung weitreichendere wirtschaftliche Konsequenzen mit sich bringt, als dass lediglich das Vertragsverhältnis aufgehoben wird. Das Vertragsverhältnis endet nämlich nicht abrupt nach der erklärten Kündigung, sondern andere Aspekte rücken in den Vordergrund. Zu den Rechtsfolgen einer Kündigung gehört, dass der AN die Abnahme bzw. Teilabnahme der fertiggestellten Leistungen fordern kann,[2] der AG entsprechende Mängelrechte für diese Leistungen ferner behält und kein Anspruch auf Zahlungen weiterer Abschlagsrechnungen mehr durchgesetzt werden kann, sondern die Schlussrechnung das Ende der Vertragsbeziehung einläutet.[3]

[1] Mintgens, in Würfele et al., Kap. 9 Rn 1082.

[2] Vgl. BGH, Urt. v. 19.12.2002 – VII ZR 103/00, IBRRS 2003, 0619.

[3] Vgl. OLG Hamm, Urt. v. 27.06.2000 – 21 U 111/99, IBRRS 2008, 1294.

© Der/die Autor(en), exklusiv lizenziert an Springer Fachmedien Wiesbaden GmbH, ein Teil von Springer Nature 2024

M. Linnemann et al., *Kündigungsvergütung von Bauverträgen*,
https://doi.org/10.1007/978-3-658-42892-1_6

Im Detail bedeutet dies, dass die Vertragspflichten zur Fertigstellung durch den AN und die Mitwirkungspflicht des AG an der Fertigstellung demnach ab dem Zeitpunkt der Kündigung obsolet werden, jedoch bleibt das Vertragsverhältnis für die bereits erbrachten Leistungen bestehen. Ein Vergütungsanspruch des AN beschränkt sich nach der Kündigung, mit wenigen Ausnahmen, die im § 8 Abs. 3 Nr. 3 VOB/B beschrieben sind, auf diese erbrachte Leistung[4].

Unter „erbrachten Leistungen", die bzgl. der Abrechnungen einiger Kündigungsmöglichkeiten der VOB- und BGB-Bauverträge Erwähnung finden, sind dabei die Leistungen zu verstehen, welche sich bereits im Zeitraum der erklärten Kündigung unabhängig von deren Qualität im Bauvorhaben dargestellt bzw. verkörpert haben. Hergestellte, jedoch noch unverbaute Baustoffe oder Bauleistungen, zählen nicht dazu, sofern der AG unter Berücksichtigung von Treu und Glauben nach § 242 BGB dazu nicht verpflichtet ist, respektive sich nicht verpflichtet fühlen muss, diese ebenfalls als erbrachte Leistung zu übernehmen.[5] Gerade mit Blick auf eine mögliche Weiterführung der Arbeiten durch ein Drittunternehmen, spätere Verjährungsansprüche nach der Abnahme sowie sämtliche Gewährleistungsaspekte, bedarf solch eine „Übernahme" einer kritischen Betrachtung. Dies resultiert zudem daraus, dass *„ein Nachfolgeunternehmer keinen Vertrag schließen will, der ihn dazu verpflichtet diese (für ihn fremden) Baustoffe bzw. Bauteile zu verwenden."*[6] Erst im Anschluss an die Abnahme kann der AG Bezug nehmen auf die Qualität der erbrachten Leistung und gegenüber der Vergütung einen möglichen Mangelanspruch anmelden.[7]

Ein wichtiges Kredo für die dann folgende Abrechnung durch den AN ist die Vorgabe, dass sich die kündigungsbedingte Vergütung auf die vertraglich vereinbarte Vergütung beziehen muss und keine ortsüblichen Preise o.ä. berücksichtigt werden dürfen, sofern ein solches Vorgehen nicht zuvor vereinbart wurde.

Abnahme und Verjährung von Mängelansprüchen nach Kündigung

Je nachdem welche Vertragspartei kündigt und je nachdem welches Kündigungsrecht Anwendung findet, folgen weitere unterschiedliche Rechtsfolgen und Vergütungsansprüche. Eine Gemeinsamkeit besteht dennoch. *„Das Erfüllungsstadium eines gekündigten Vertrages endet nämlich – wie bei einem nicht gekündigten Vertrag – erst mit der Abnahme."*[8] Nach der Kündigung hat der AN somit Anspruch auf die Abnahme bzw. Teilabnahme seiner erbrachten Leistung, sofern die nach § 640 Abs. 1 S. 2 BGB definierten Voraussetzungen für eine Abnahmeerklärung gegeben sind.[9] Die Abnahme

---

[4] Vgl. Kniffka et al. Teil 8 Rn 24.

[5] Vgl. Kniffka et al., Teil Rn 49.

[6] OLG Düsseldorf, Urt. v. 13.03.2020 – 22 U 222/19, IBRRS 2020, 1289.

[7] Vgl. Kniffka et al.Teil 6 Rn 96–100.

[8] Oberhauser, in Messerschmidt/Voit, Privates Baurecht, 3. Auflage 2018, Rn 18–19.

[9] Vgl. BGH, Urt. v. 19.12.2002 – VII ZR 103/00, IBRRS 2003, 0619.

dient dabei als Grundlage für den späteren Werklohn der dokumentierten erbrachten Leistungen des AN. Ergänzende Regelungen für den Fall der vorzeitigen Kündigung finden sich dabei nicht.[10] Relevant wird dahingehend auch der Aspekt, dass die entscheidenden Personen an der Abnahme beteiligt sind. Dabei muss der AG nicht selbst anwesend sein, denn *„der Auftraggeber kann sich bei der Abnahme rechtskräftig vertreten lassen. Schickt er zu einem Abnahmetermin eine Person, gilt diese als bevollmächtigt, jedenfalls hat sie eine Duldungs- oder Anscheinsvollmacht.“*[11]

Die fehlende Fertigstellung infolge der Kündigung entspricht dabei keinem Mangel, lediglich auf die erbrachte Leistung bezogene Mängel finden Berücksichtigung. Mit der Abnahme nach § 640 BGB treten die dazugehörigen Konsequenzen in Kraft. Dazu gehört neben dem Übergang der Gefahr und der Umkehr der Beweislast insbesondere der Beginn der Verjährungsfrist für Mängelansprüche, welche für Bauwerke im BGB mit fünf Jahren und in der VOB/B mit vier Jahren konkretisiert ist – sofern nicht die Parteien eine hiervon abweichende Vereinbarung getroffen haben. Darüber hinaus ist insbesondere die Fälligkeit der Werkvergütung des AN für die bis zur Kündigung erbrachte Leistungen von Bedeutung.[12] Analog betreffen diese Folgen auch die Fälle einer Teilkündigung. Lediglich in Ausnahmefällen, in denen der AG die Abnahme berechtigt verweigert oder Schadensersatz statt einer Nacherfüllung, respektive Mangelbeseitigung[13] verlangt wird, kann eine Abnahme entbehrlich sein. Eine Abnahmefrist nach § 640 Abs. 2 BGB ist nicht möglich, da diese implizieren würde, dass nach fruchtlos verstrichener Frist die Leistung als abgenommen gelte, sofern kein Mangel durch den AG angezeigt würde. Die Angaben eines einzigen Mangels würden dann schon ausreichen, um die Abnahmefiktion zu vermeiden. Diese Regelungen wirken indes nur im Falle der fertiggestellten Leistung und sind nicht auf den unfertigen Zustand nach Kündigung übertragbar.[14]

Nach § 641 BGB wird die Vergütung erst mit der Abnahme fällig, was bedeutet, dass auch im Zuge einer Kündigung die Abnahme für die Fälligkeit der Schlusszahlung erforderlich ist.

Ausstehende und getätigte Abschlagszahlungen nach Kündigung

Wie bereits erläutert, besteht nach der Kündigung kein Anspruch auf weitere Abschlagszahlungen, unabhängig davon, ob gemäß eines vereinbarten Zahlungsplans einzelne Zahlungen noch ausstünden. Erst wieder im Zuge der Schlussrechnungsstellung führt der AN eingegangene Zahlungen separat auf. Dabei wird der Schwerpunkt von der Zahlung auf die Thematik des Einbehalts verlagert. Das bedeutet, dass der AN nachweisen muss,

---

[10] Vgl. Kniffka et al., Teil 3 Rn 46.

[11] Kniffka et al., Teil 3 Rn 51.

[12] BGH, Urt. v. 19.12.2002 – VII ZR 103/00, IBR 2003, 184.

[13] Vgl. OLG Brandenburg, Urt. vom 08.11.2018 – 12 U 25/16, IBRRS 2019, 0115.

[14] Vgl. Voit, in Messerschmidt et.al, Rn 29, 31.

dass für eingegangene Zahlungen kein Rückzahlungsanspruch seitens des AGs auf Grundlage der vertraglichen Abrede besteht.[15] Werden keine erforderlichen Nachweise durch den AN vorgelegt und nimmt der AG einen Rückzahlungsanspruch basierend *„auf der von ihm erstellten, seinem Kenntnisstand entsprechenden Abrechnung"*[16] an, kann er diesen durchaus einklagen. Es wird dem AG zugutegehalten, dass er dabei keine eigene Bereicherung anstrebt.[17]

6.1 Grundlagen bei Einheitspreis- und Pauschalpreisvertrag

Die Anforderungen, welche zur Bestimmung des Vergütungsanspruches für die erbrachten Leistungen gelten, sind je nach vereinbarter Vertragsart – Einheitspreis- oder Pauschalpreisvertrag – unterschiedlich. Bevor die einzelnen Abrechnungen der in den Kap. 2 bis 4 vorgestellten Kündigungsmöglichkeiten dargestellt werden, erfolgt die Gegenüberstellung der grundsätzlichen Abrechnungsvorgaben eines Einheitspreis- und Pauschalpreisvertrages.

Abrechnungsgrundlage bei Einheitspreisverträgen
Gemäß BGH-Urteil vom 21.12.1995 erfolgt die Abrechnung nach der Kündigung auf Basis des für den Bauauftrag erstellten Leistungsverzeichnisses (LV) und damit auf Basis eines Einheitspreisvertrags.[18] Die für das Werk erforderliche Gesamtleistung wird im LV aufgesplittet in einzelne Teilleistungen, für welche eine fortlaufende Nummerierung durch Positionsnummern erfolgt. In dem LV finden sich in den Vordersätzen die vereinbarten Mengen, angegeben in den Einheiten wie bspw. Gewicht, Stückzahl oder entsprechender Maßeinheit. Diese Vordersätze, welche im Zuge der Ausschreibung geschätzt werden, multiplizieren sich mit dem jeweiligen Einheitspreis (EP) zum Gesamtpreis (GP) der Positionen. Die Abb. 6.1 zeigt exemplarisch diesen Aufbau eines LV:

Die Addition aller Gesamtpreise der einzelnen Positionen ergibt die Netto-Angebotssumme. Wird dazu noch die Mehrwertsteuer ergänzt, entsteht die Brutto-Angebotssumme. Dies wird in Abb. 6.2 deutlich.:

Die Angebotssumme ist im Vergabeverfahren für die Beauftragung und somit den Vertragsschluss erforderlich. Aufgrund dieses Gesamtpreises, sowie weiterer Merkmale im Zuge der Ausschreibung und Vergabe, können die Bieter und ihre Angebote verglichen

[15] Vgl. Kniffka et al., Teil 8 Rn 42-43.

[16] Kniffka et al., Teil 8 Rn 42-43.

[17] Vgl. Kniffka et. al., Teil 8 Rn 42.

[18] Vgl. BGH, Urt. v. 21.12.1995 – VII ZR 198/94, IBR 1996, 181.

Leistungsverzeichnis

Projekt: [redacted]
LV: [redacted]

OZ	Leistungsbeschreibung	Menge	ME	Einheitspreis in EUR	Gesamtbetrag in EUR
2.3.6.220	gemäß Position 2.3.6.190 Ortbeton Aufbeton Stahlbeton für Haus A3,C25/30 XC4 Ortbteon für Haus A Expositonsklasse Bewehrungskorrosion, ausgelöst durch Karbonatisierung XC4, in feuchter Umgebung WF, XF1, Füllbeton Dicke 15 cm, Untergrund waagerecht.	8,000	m3	....	....

Abb. 6.1 Beispielausschnitt eines Leistungsverzeichnisses; Darstellung Positionen mit Menge und EP

Summe LV	[redacted]		....
Zuzüglich der gesetzlichen Mehrwertsteuer aus	.... EUR		
in Höhe von 19,00 %			.... EUR
Bruttosumme			.... **EUR**

Abb. 6.2 Beispielausschnitt eines Leistungsverzeichnisses; Darstellung Angebotsendsumme brutto

werden.[19] Zur vertraglichen Grundlage wird indes nicht nur der Gesamtpreis, sondern sämtliche Einheitspreise, was demzufolge auch in der Bezeichnung eines *„Einheitspreisvertrages"* entsprechend Niederschlag findet.

Abrechnungsgrundlage bei Pauschal(preis)verträgen

Diese vorgestellte Art einer Abrechnungsgrundlage ist nicht allgemein gültig für alle Bauverträge. In der Praxis werden auch **Pauschalpreisverträge,** bzw. **Pauschalverträge** oder weitere Vertragsarten vereinbart. In einem Pauschalpreisvertrag werden regelmäßig keine Einheitspreise und Mengen fixiert, welche zur Ermittlung des Vergütungsanspruchs auf Basis der erbrachten Leistung herangezogen werden. Sämtliche Leistungen, welche zur Werkherstellung erforderlich sind, sollen vielmehr mit einem Pauschalpreis abgegolten werden. Der AG soll davon ausgehen können, dass alle

[19] Vgl. Börgers/Jung, in Würfele et al., Kap. 3, Rn 301–306.

Bau- sowie Nebenleistungen, die für die Werkleistung erforderlich sind, mit diesem Pauschalpreis abgedeckt werden.[20] Der AN sieht sich somit mit der Herausforderung konfrontiert, die ausgeschriebene Leistung mit der pauschalen Vergütung in einem ausgeglichenen Verhältnis zu halten. Er versucht daher die Kalkulation möglichst auskömmlich zu gestalten. Der Pauschalpreis ist dabei unabhängig von dem tatsächlichen Leistungsumfang, bzw. den konkret anfallenden Mengen und Massen gültig.[21]

Auch für einen Pauschal(preis)vertrag kann ein bepreistes Leistungsverzeichnis mit detaillierter Beschreibung der Leistungsbeschreibung zum Pauschalpreis vorliegen. Auch können weitere Vertragsunterlagen zur Leistungsbeschreibung vorliegen, wie Zeichnungen o. ä., die für eine präzise Leistungsermittlung herangezogen werden können. In diesem Fall spricht man von einem **Detail-Pauschalvertrag.**[22] Der Detail-Pauschalvertrag beruht auf einer detaillierteren Leistungsbeschreibung ähnlich einem Einheitspreisvertrag. Von einer lediglich groben Leistungsbeschreibung kann man daher in diesem Fall nicht sprechen.

Im Falle der Vereinbarung einer Pauschalsumme auf Basis eines ursprünglich mittels LV und Einheitspreisen ausgeschriebenen Leistung im Wege der Vertragsverhandlung, wird der geschlossene Vertrag ebenfalls zu einem Detail-Pauschalvertrag.

Anpassungen zum Pauschalpreis, wie eingangs erläutert, sind in Ausnahmefällen bspw. bei einem deutlichen Ungleichgewicht der ausgeführten Leistung zum Pauschalpreis möglich. Werden beispielsweise geringere Mengen eingebaut, als im LV vorgesehen waren, kann der AG eine Reduzierung des Pauschalpreises verfolgen, falls die Mindermenge dabei – gemäß Rechtsprechung – zu einer 20-%-igen Abweichung der Gesamtpauschalauftragssumme führt.[23] Das BGB-Werkvertragsrecht nennt dazu keine gesonderten Regelungen zur Vergütungsanpassung von Pauschalpreisverträgen. Die VOB/B ermöglicht über die Regelung in § 2 Abs. 7 VOB/B, dass die Mehr- oder Minderkosten unter bestimmten Bedingungen berücksichtigt werden können.

Eine Pauschalpreisbindung im Falle, dass der AG geänderte oder zusätzliche Leistungen fordert, ist hierbei nicht von der vertraglich vereinbarten Pauschale erfasst.[24] Eine Verhandlung über die Anpassung der Vergütung kann in diesem Fall – wie üblich – über die entsprechenden gesetzlichen oder vertraglichen Regelungen erfolgen.

Ohne Vorliegen einer detaillierten Leistungsbeschreibung wird ein **Global-Pauschalvertrag** vereinbart. Die Leistungsbeschreibung ist offenkundig lückenhaft und analog zur Bezeichnung nur auf einer *globalen,* also übergeordneten Ebene zwischen den Parteien funktional zur Vertragsgrundlage worden, wobei der AN die notwendigen

[20] Vgl. Kniffka et. al., Teil 4 Rn 73–74.

[21] Vgl. OLG Dresden, Urt. v. 01.10.2019 – 6 U 1275/19, IBRRS 2020, 2471.

[22] Vgl. Börgers, in Würfele et al., Kap. 3, Rn 298.

[23] Vgl. OLG München, Beschl. v. 08.07.2019 – 27 U 3203, BGH, Beschl. v. 15.04.2020 – VII ZR 180/19, IBR 2020. 507.

[24] Vgl. BGH, Urt. v. 08.01.2002 – X ZR 6/00, IBRRS 2002, 0158.

Details der Leistung im späteren Verlauf planen muss. Je nach Einzelfall übernimmt dabei der AG oder der AN die Entwurfs-, Genehmigungs- oder Ausführungsplanung.[25]

Weitere Vertragstypen
In der Praxis können zudem weitere Vertragsarten wie der **Stundenlohnvertrag** oder auch der **Selbstkostenerstattungsvertrag** abgeschlossen werden. Diese werden analog zu den Mischformen der Einheits- oder Pauschalpreisverträge an dieser Stelle nicht weiter erläutert, sondern lediglich vollständigkeitshalber genannt.

Unfertige Leistungen
Nach der vorzeitigen Vertragsbeendigung steht dem AN nicht die identische Vergütung wie nach Vollendung der Werkleistung zu. Insofern kann in der Schlussrechnung beispielsweise nicht die vereinbarte Pauschalsumme abgerechnet werden. Es entsteht durch die Kündigung das Erfordernis der Abgrenzung der erbrachten Leistung von der nicht erbrachten Leistung. Dies betrifft insbesondere den Status der Fertigstellung hinsichtlich einzelner unfertiger Leistungen. Es ist zu prüfen, ob diese zum Teil bereits erbracht und möglicherweise auch eingebaut oder lediglich Vorleistungen ausgeführt wurden. Ein weiterer wesentlicher Aspekt für die Abrechnung ist beispielsweise, dass die Mehrwertsteuer lediglich auf Leistungsanteile anfällt, die tatsächlich erbracht wurden.[26]

Insofern lautet eine entscheidende Frage, ob sich die abgerechneten Leistungen im Bauwerk verkörpert haben, oder ob diese lediglich bisher produziert, bzw. auf die Baustelle geliefert worden sind. Die Fragestellungen zur Abrechnung gekündigter Bauverträge sind letztlich so mannigfaltig wie die zugrunde liegenden Kündigungseinzelfälle.

Von erheblicher Relevanz ist ferner, dass die jeweilige Kündigungsabrechnung unterschiedlich vorzunehmen ist. Ob also ein Einheitspreisvertrag vorliegt, oder ein Pauschalpreisvertrag mit einer weiteren Unterscheidung als Detail-Pauschalpreisvertrag oder Global-Pauschalpreisvertrag, ist im Falle einer wirksamen Kündigung zu differenzieren.[27]

Nachfolgend werden die entsprechenden Charakteristika dazu differenziert herausgestellt und erläutert.

6.2 Abrechnung von gekündigten Einheitspreisverträgen

Die Abrechnung eines gekündigten Einheitspreisvertrags erfolgt für die erbrachte Leistung nach den identischen Grundsätzen wie bei der Abrechnung nach ungekündigter Fertigstellung. Die erbrachten Leistungen werden erfasst und die nicht erbrachten

[25] Vgl. Börgers, in Würfele et al., Kap. 3, Rn 324.

[26] Vgl. Kniffka et al., Teil 8 Rn 86.

[27] Vgl. Börgers, in Würfele et al. Kap. 3, Rn 322–336.

Leistungen erfolgen aus der Differenz aus der erbrachten sowie der gesamt zu erbringenden Leistungen.

Einheitspreise
Die Berechnung der Abrechnungssumme basierend auf dem Aufbau des LV sieht positionsweise wie folgt aus:

IST-Menge x Einheitspreis (EP) = Gesamtpreis (GP) der Teilleistung

Zusammengefasst lässt sich also aus der Multiplikation der Mengenangabe je Position mit dem korrelierenden EP ein Gesamtpreis für die jeweilige Teilleistung berechnen, welcher durch Addition der Gesamtpreise aller Teilleistungen und unter Berücksichtigung der Mehrwertsteuer die Vergütungssumme ergibt.[28]

Die Grundlage bilden stets die vertraglich vereinbarten Einheitspreise. Weicht der AN von dieser Maßgabe ab, bzw. glaubt er sich nicht daran gebunden, *„so hat er das besonders kenntlich zu machen und zu erläutern. Eine derartige Lösung von den vertraglichen Preisen kann nur unter besonderen Umständen in Betracht kommen, etwa bei einer Mengenänderung oder unter dem Gesichtspunkt des Wegfalls der Geschäftsgrundlage.“*[29]

Abrechnung nach Aufmaß
Der jeweilige tatsächliche Umfang der erbrachten Teilleistungen muss für den gekündigten Vertrag gemäß § 14 Abs. 1 S. 1 VOB/B festgestellt werden. Somit werden statt der Mengenangaben im Rahmen des Angebots die tatsächlich festgestellten Mengen für die Abrechnung zugrunde gelegt. Wie in § 14 Abs. 2 VOB/B beschrieben, ist die möglichst gemeinsame Feststellung der Leistung entscheidend für eine korrekte Kündigungsabrechnung. Dabei sind ebenso nach § 14 Abs. 2 VOB/B die *„Abrechnungsbestimmungen in den Technischen Vertragsbedingungen und den anderen Vertragsunterlagen zu beachten. Für Leistungen, die bei Weiterführung der Arbeiten nur schwer feststellbar sind, hat der Auftragnehmer rechtzeitig gemeinsame Feststellung zu beantragen.“*

Die Beantragung des gemeinsamen Aufmaßes für die Abrechnung stellt auf das allgemeine Kooperationsprinzip der Vertragsparteien ab.

Verwiesen wird dabei zudem auf die Bestimmungen in den Technischen Vertragsbedingungen (VOB/C), also konkret auf die DIN 18299 ff. Abschnitt 5, in welchen die Abrechnung näher geregelt wird. Entsprechend dazu wird auch im Vergabe- und Vertragshandbuch für die Baumaßnahmen des Bundes (VHB) festgehalten, dass die

[28] Vgl. Kniffka et al., Teil 4 Rn 506.

[29] Kniffka et al., Teil 4 Rn 506.

Leistung aus Zeichnungen, soweit vorhanden, zu ermitteln ist. Liegen diese Zeichnungen nicht vor, dient das gemeinsame Aufmaß zur Feststellung der tatsächlichen Leistung.[30]

Bei einem VOB-Vertrag werden durch § 1 Abs. 1 S. 2 VOB/B auch die Allgemeinen Technischen Vertragsbedingungen ATV (VOB/C) zum Vertragsbestandteil erhoben. Werden keine gesonderten Bestimmungen zum Vertrag getroffen *„sind somit Abschnitt 5 der Grundnorm DIN 18299 sowie die jeweils in den spezifischen, gewerkebezogenen Allgemeinen Technischen Vorschriften (ATV, DIN 18299 ff) enthaltenen Abrechnungs- und Aufmaßregelungen maßgebend.“*[31] Demnach sind die erbrachten Leistungen anhand von Zeichnungen zu bestimmen, zumindest sofern die Zeichnungen den Leistungen auch gleichstehen. Kann nicht auf Zeichnungen zurückgegriffen werden, wird das Aufmaß vor Ort genommen, wobei diese Leistungsfeststellung auch der gängigen Praxis entspricht. Für einzelne Gewerke finden sich dort zum Teil abweichende Regelungen, die ergänzend zu beachten sind. Zur Rangfolge ist festzustellen, dass zuerst die spezielleren relevanten Festlegungen der DIN 18300 ff. vor den Abrechnungsvorschriften der DIN 18299 stehen. Abweichende Vereinbarungen neben der ATV etc. unterliegen häufig einer AGB-Inhaltskontrolle, sofern sie nicht individuell ausgehandelt wurden. Gerade für einen öffentlichen AG ist der Verweis auf den § 1 Abs. 1 S. 2 VOB/B maßgebend, da der Vertrag sonst von einer Vereinbarung der VOB „im Ganzen“ abweicht und der diesbezügliche Privilegierungsschutz der VOB hinfällig ist.[32]

Dem gegenüber stehen in einem BGB-Bauvertrag ebenfalls vorwiegend gesonderte vertragliche Bestimmungen an erster Stelle, sofern diese vorliegen. Ist kein Rückgriff auf solche Bestimmungen möglich, kommt es auf die jeweilige Vertragsauslegung an. Dann kann die Auslegung bzgl. Abrechnung und Aufmaß darin resultieren, dass die allgemein anerkannten Regeln der Technik einzuhalten sind, sprich die Vorgaben in der DIN 18299.[33]

Das Aufmaß kann eine wesentliche Bedeutung für die Abrechnung haben. Weigert sich eine Partei an einem gemeinsamen Aufmaß mitzuwirken, kann dies für spätere gerichtliche Auseinandersetzungen negative Auswirkungen für diese Partei haben.[34]

Das einseitige Aufmaß beschreibt dabei das Aufmaß, welches der AN ohne Mitwirkung des AG erstellt. Hierbei wird lediglich die Prüfbarkeit seiner Abrechnung erreicht. Aus Gründen der späteren Nachvollziehbarkeit und Rechtssicherheit kann dies auch unter Einbeziehung eines unabhängigen Sachverständigen erfolgen. Die einseitig vom AN erstellten Aufmaßblätter müssen dabei – gemäß BGH – nicht den zugehörigen

---

[30] Vgl. Vergabe- und Vertragshandbuch für die Baumaßnahmen des Bundes (VHB), Ausgabe 2017, Formblatt 400 S. 6.

[31] Börgers, in Würfele et al., Kap. 6, Rn 786.

[32] Vgl. Börgers, in Würfele et al., Kap. 6, Rn 855.

[33] Vgl. Börgers, in Würfele et al., Kap. 6, Rn 784-788.

[34] Vgl. Börgers, in Würfele et al. 2018, Kap. 6, Rn 855.

Rechenweg aufzeigen. Dieser Hinweis des BGH in seinem Beschluss vom 20.11.2019 widerlegt dabei ein Urteil des Kammergerichts (KG) aus dem Jahr 2007.[35]

Zur Richtigkeit des einseitigen Aufmaßes gibt es unterschiedliche Rechtsprechung, gerade in Bezug auf den Umgang des AG damit. Wie bereits erläutert, muss der AN bei einem einseitigen Aufmaß darlegen und nachweisen, dass er die Leistungen tatsächlich erbracht hat. Gemäß dem Beschluss des OLG Bamberg aus dem Jahr 2016 reicht ein einseitiges Bestreiten des AG aus, sofern er mit den Angaben nicht einverstanden ist. Er muss nicht erläutern, weshalb er das Aufmaß anzweifelt.[36] Dagegen argumentiert aber die neuere Rechtsprechung des BGH, dass der AG darzulegen hat, weshalb er das Aufmaß als falsch erachtet und dazu ein entsprechendes Gegenaufmaß zu erstellen hat.[37]

Ein gemeinsames Aufmaß erfolgt durch den AN und den AG (oder dessen bevollmächtigten Vertreter), wodurch Sachverhaltsfragen geklärt und später nicht mehr Streitgegenstand werden können. Regelmäßig sind beide Vertragsparteien an diese Leistungsfeststellung gebunden und auch Grundlage für die Rechnungsprüfung.[38] Diese Bindungswirkung kann nur nachträglich aufgehoben werden, wenn das gemeinsame Aufmaß nachweislich falsch ist und auf einer Fehleinschätzung beruht. Ein diesbezüglicher Beweis ist jedoch mit einem enormen Aufwand verbunden.

Für die Prüfung der Schlussrechnung ist das gemeinsame Aufmaß keine Voraussetzung. Ebenso ist das gemeinsame Aufmaß eine Bestätigung der Feststellungen über den Leistungsumfang.[39] Auch das einseitige Aufmaß kann genutzt werden, ist jedoch mit einer aufwendigeren Nachweisführung verbunden, dass die abgerechneten Leistungen tatsächlich erbracht wurden.[40] Welche Anforderungen, an das Aufmaß gestellt werden sollten, beispielsweise in Bezug auf die Genauigkeit, ergibt sich aus dem Vertrag.

Das grundsätzliche Ziel eines Aufmaßes muss es gleichwohl sein, dass es *„aus sich heraus verständlich“*[41] ist, der AG die Abrechnung der Leistung nachvollziehen kann und auf dessen Grundlage im Folgenden die Schlussrechnung prüft.

Im BGB findet die gemeinsame Leistungsstandfeststellung für die Kündigung aus wichtigem Grund in § 648a BGB Abs. 4 Erwähnung, wonach jede Partei dies in diesem Fall fordern kann.

In seltenen Fällen ist ein Aufmaß entbehrlich. Ist das Aufmaß beispielsweise mit einem unverhältnismäßig großen Aufwand verbunden, ist es dem AN schlicht unmöglich oder verhindert der AG sogar die Erstellung des Aufmaßes, scheitert eine Klage auf den

---

[35] Vgl. BGH, Beschl. v. 20.11.2019 – VII ZR 213/18, IBRRS 2019, 4174.

[36] Vgl. OLG Bamberg, Beschl. V. 17.05.2016 – 4 U 196/15, IBR 2016, 686.

[37] Vgl. BGH, Beschl. v. 01.02.2017 – VII ZR 172/14, IBR 2017, 367.

[38] Vgl. Kniffka et al., Teil 11 Rn 154 ff.

[39] Vgl. Vergabe- und Vertragshandbuch für die Baumaßnahmen des Bundes (VHB), Ausgabe 2017, Formblatt 400 S. 6.(zu § 14 VOB/B).

[40] Vgl. Börgers, in Würfele et al., Kap. 6, Rn 788.

[41] Kniffka et al., Teil 4 Rn 503.

Werklohn nicht automatisch am fehlenden Aufmaß. Die Schätzung der Vergütung nach § 287 ZPO (Zivilprozessordnung) durch ein Gericht kann folgen[42].

6.3 Abrechnung von gekündigten Pauschalpreisverträgen

Für den Pauschalpreisvertrag, bei dem zwischen einem Detail-Pauschalvertrag, einem Global-Pauschalvertrag und weitere Mischformen unterschieden werden kann, gelten weitaus ausführlichere und aufwendigere Regelungen als für den Einheitspreisvertrag. Die Grundvoraussetzung für die Abrechnung eines vorzeitig beendeten Vertrages ist weiterhin die Abgrenzung der erbrachten von den nicht erbrachten Leistungen. Dies gilt für den Einheitspreisvertrag ebenso wie für den Pauschalpreisvertrag[43] und korreliert mit der ständigen Rechtsprechung.[44] Im Folgenden werden die Abrechnungsvorgaben eines Pauschalpreisvertrags differenziert, nach dem Detail- und dem Global-Pauschalpreisvertrag erläutert.

6.3.1 Detail-Pauschalpreisvertrag

Unabhängig von der Grundlage der Leistungsbeschreibung gilt es für die Abrechnung vorrangig die Leistungsbewertung hinsichtlich des Fertigstellungsgrads vorzunehmen, denn *„zunächst muss der Auftragnehmer die erbrachten von den nicht erbrachten Leistungen abgrenzen und jeweils vertragsbezogen deren Wert darlegen“*[45]

Wird der Preis eines Angebotes auf Grundlage einer vollständigen und differenzierten Leistungsbeschreibung im Wege der Vereinbarung eines Detail-Pauschalvertrages pauschaliert, kann unter Zuhilfenahme eines bepreisten LV eine Abrechnung analog zu der eines Einheitspreisvertrages vorgenommen werden. Beruht also ein Pauschalpreisvertrag auf einem nach Einheitspreisen aufgeschlüsselten Angebot des AN, insbesondere wenn abschließend eine Abrundung vereinbart wurde, kann demnach auch das Angebot als Grundlage für die Berechnung der erbrachten Leistung genutzt werden.[46]

Sind zur Bewertung der erbrachten Leistung vor Kündigungserklärung keine Unterlagen vorhanden, oder in nicht ausreichenden Maßen, muss der AN im Einzelnen darlegen, wie die erbrachten Leistungen nachvollziehbar bewerten werden können. Wichtig

---

[42] Vgl. Kniffka et al., Teil 4 Rn 505.

[43] Vgl. BGH, Urt. v. 04.05.2000 – VII ZR 53/99 (Brandenburg), NJW 2000, 2988.

[44] Vgl. OLG Hamburg, Urt. v. 08.01.2020 – 4U 134/18; BHG, Beschl. v. 18.11.2020 – VII ZR 20/29, IBR 2021, 177.

[45] Kniffka et.al, Teil 8 Rn 85-89.

[46] Vgl. von Wietersheim, in Bauvertragsrecht nach BGB und VOB/B, 4. Auflage 2018, Teil 2, Rn 67.

ist dabei immer, dass er das Preisniveau der Pauschalsumme stringent einhält.[47] Die ausgeführte Leistung wird im Einzelnen dargestellt und vom nicht erbrachten Teil abgegrenzt. Danach wird das Verhältnis der erbrachten Leistungen zur Gesamtvergütung bestimmt ebenso wie das Verhältnis des Preisansatzes für Teilleistungen.

Häufig finden sich auch vereinbarte Nachlässe auf bestimmte einzelne Positionen oder pauschal auf den Angebotspreis für alle Positionen. Auch hier erfolgt die Abrechnung nach den gleichen Grundsätzen wie bei einem gekündigten Einheitspreisvertrag und unter Berücksichtigung etwaiger Nachlässe.[48] *„Entweder wird [...] der Vergütungsteil für erbrachte und nicht erbrachte Leistungen ermittelt und von der jeweiligen Gesamtsumme der prozentuale Nachlass abgezogen, oder aber es wird von vornherein jede einzelne Position des Angebots-Leistungsverzeichnisses entsprechend (pauschal) gekürzt."*[49]

Im Zuge der Differenzierung besteht das Risiko, dass eine Unterteilung in erbrachte und nicht erbrachte Leistung an der reinen Terminologie scheitert, da insbesondere nur zum Teil erbrachte Leistungen bestehen können. Diese sind lediglich für die freie Kündigung nach § 648 BGB bzw. § 8 Abs.1 VOB/B berücksichtigungswürdig. Als nicht erbrachte Leistungen sind auch, unter Verweis auf Abschn. 6.4, beispielsweise die zwar angelieferten, jedoch nicht verbauten Bauteile oder Werkstoffe zu verstehen.[50]

Nach der Differenzierung von erbrachten und nicht erbrachten Leistungen sind anschließend, je nachdem auf welcher Kündigungsgrundlage die Abrechnung vorzunehmen ist, von den nicht erbrachten Leistungen auch die ersparten Aufwendungen bzw. der anderweitige Erwerb in Abzug zu bringen. Ebenso ist nur für die erbrachten Leistungen die Mehrwertsteuer zu berücksichtigen. Die nicht erbrachten Leistungen können indes nicht mit der Mehrwertsteuer belegt werden.[51] Es bleibt demnach nicht aus, dass der AN für eine korrekte Abrechnung des gekündigten Pauschalpreisvertrags die Leistungen zweigeteilt aufstellt, da ansonsten weder die Mehrwertsteuer noch die ersparten Aufwendungen bzw. der anderweitige Erwerb korrekt berücksichtigt werden können.

Eine weitere Besonderheit, die der Charakteristik des Pauschalvertrags geschuldet ist, betrifft die Abschlagsrechnungen. Wurde ein Zahlungsplan vereinbart, an welchem sich die Abschläge hinsichtlich des erreichten Leistungsstandes orientieren, ist im Zuge der Kündigung derart abzurechnen, *„dass dem Auftraggeber die rasche und sichere Beurteilung (vgl. § 16 Abs. 1 VOB/B) ermöglicht wird, ob der in der Abschlagsrechnung zugrunde gelegte prozentuale Anteil der vereinbarten Pauschale dem vereinbarten*

[47] Vgl. BGH, Versäumnisurt. v. 04.07.1996 – VII ZR 227/93, IBRRS 2000, 0489.

[48] Vgl. Börgers, in Würfele et al., Kap. 6, Rn 799.

[49] Börgers, in Würfele et al., Kap. 6, Rn 799.

[50] Vgl. Drittler, in Nachträge und Nachtragsprüfung beim Bau- und Anlagenbauvertrag, 3. Auflage 2017, 3. Freie Kündigung, Rn 19–21.

[51] Vgl. BGH, Urt. v. 22.11.2007 – VII ZR 83/05, IBRRS 2008, 0125, IMRRS 2008, 0076.

Leistungsstand entspricht."[52] An dieser Stelle ist eine überschlägige Beurteilung durch den AG ausreichend.[53]

Eine sogenannte „Nullposition", d. h. der AG lässt einzelne Positionen nicht ausführen, entspricht dem Prinzip einer Teilkündigung. Auch hier wird so abgerechnet, dass der AN gemäß § 8 Abs. 1 VOB/B oder § 648 BGB die vereinbarte Vergütung abzüglich der ersparten Aufwendungen erhält.[54] Ein Ergebnis hierbei kann im Sinne des Gebotes von Treu und Glauben eine Vergütung für die „Null-Positionen" sein, insbesondere vor dem Hintergrund, dass der AN *„keine eigene Verwendungsmöglichkeit für bereits hergestellte Bauteile hat, diese für die Weiterführung des Bauvorhabens uneingeschränkt tauglich wären und ihre Verwendung dem Auftraggeber unter Berücksichtigung aller Umstände, auch der Gründe für die Kündigung, zumutbar gewesen wären"*[55]

6.3.2 Global-Pauschalpreisvertrag

Liegt ein gekündigter Global-Pauschalpreisvertrag vor, kann die funktionale Leistungsbeschreibung eine aufwendigere Abrechnung erforderlich machen. Auch hier muss der AN eindeutig darlegen, wie sich der Leistungsinhalt im Verhältnis zur Pauschalsumme verhält. Dafür trägt er die Darlegungs- und Beweislast. Wurde infolge einer Kündigung nur ein Teil der Gesamtleistung erbracht, muss ggf. zur Plausibilisierung des Pauschalpreises noch nachträglich eine Kalkulation erstellt werden. Dafür ist ein Aufmaß jedoch nicht notwendig.[56]

Für eine detaillierte Abrechnung nach der Kündigung nimmt der AN eine nachträgliche Beurteilung der Leistungen mit konstanter Berücksichtigung des vereinbarten Gesamtpreisniveaus vor. Dabei erfolgt die Pauschalpreiszerlegung in Einzelpreispositionen, auf Grundlage einer LV-ähnlichen Aufteilung.

Im Detail bedeutet dies, dass die gesamte Vertragsleistung in Teilleistungen aufgegliedert und mit adäquaten Preisen beurteilt wird, sodass die Summe der Teilleistungen wiederum die gesamt geschuldete Leistung widerspiegelt, sowie die Summe der Einzelpreise rechnerisch den Pauschalpreis widerspiegelt. Auch hier erfolgt daraufhin die Abgrenzung der erbrachten von den nicht erbrachten Leistungen.[57] Die Vergütung wird infolgedessen *„nach dem Verhältnis des Werts der erbrachten Teilleistungen*

---

[52] Börgers, in Würfele et al. Kap. 6, Rn 793.

[53] Börgers, in Würfele et al. Kap. 6, Rn 793.

[54] Vgl. OLG München, Beschl. v. 02.04.2019 – 28 U 413/19, IBR 2019, 307.

[55] BGH, Urt. v. 09.03.1995 – VII ZR 23/93, IBRRS 2000, 0416.

[56] Vgl. KG, Urteil. V. 28.09.2021 – 7 U 253/11, BGH, Beschl. v. 20.11.2014 – VII ZR 297/12, IBR 2015, 412.

[57] Vgl. OLG Karlsruhe, Urt. v. 02.12.2014 – 19 U 122/13, BGH, Beschl. v. 18.01.2017 – VII ZR 22/15, IBR 2017, 423.

zum Wert der nach dem Pauschalpreis geschuldeten Gesamtleistung"[58] ermittelt. Diese Abrechnung wird in der Praxis als Berechnung „von unten" bezeichnet.

Die Annahme, dass es im Gegenzug zur Abrechnung *„von unten"* auch eine Abrechnung „von oben" gibt, ist durchaus begründet. Diese kann jedoch nur auf Grundlage spezifischer Voraussetzungen vorgenommen werden. Erfolgt eine Kündigung und es stehen lediglich geringfügige Restleistungen bis zur Fertigstellung aus, so kann auf eine – wie soeben beschriebenen – Zerlegung der Gesamtleistung in Teilleistungen verzichtet werden. Eine Bewertung der nicht erbrachten Leistung, die dann vom vereinbarten Pauschalpreis in Abzug gebracht wird, reicht aus (somit: Gesamtpauschalpreis – Wert der nicht erbrachte Leistung = Abrechnungssumme).[59] An dieser Stelle ist zudem *„auch eine Schätzung nach § 287 ZPO [...] dann möglich"*.[60]

Was genau unter „geringfügig" zu verstehen ist, muss erneut im Einzelfall betrachtet werden, wobei prinzipiell von einer geringfügigen Leistung ausgegangen werden kann, wenn diese nur 5 % des Auftragsvolumens entspricht.[61] Eine weitere Rechtsprechung dazu beurteilt die Grenze der Geringfügigkeit sogar mit unter 2 %.[62] Neben der Geringfügigkeit der Restleistung ist eine weitere Voraussetzung zu berücksichtigen, um die Berechnung „von oben" vorzunehmen. Es darf hierbei keine Möglichkeit entstehen, dass es zu einer kalkulatorischen Verschiebung kommt, welche nachfolgend negative Auswirkungen für den AG hat.[63]

Grundsätzlich kann für den Pauschalpreisvertrag, sofern kein bepreistes LV vorliegt, auch auf Basis einer Auftragskalkulation gerechnet werden. Liegt eine interne zum Vertragsinhalt gewordene oder offengelegte Kalkulation mit LV-ähnlicher Aufgliederung zum Pauschalpreis bereits vor, kann sie zur Bewertung und Abgrenzung der erbrachten und nicht erbrachten Leistung herangezogen werden. Ist sie jedoch nur für interne Zwecke erstellt worden und wurde nicht zum Vertragsinhalt, kann sie ggf. nur als eine Art Unterstützung angesehen werden, wobei die Preise den Vorgaben des § 632 Abs. 2 BGB entsprechen müssen.[64]

Unter Umständen genügt eine Aufteilung in die Gewerke zur Abbildung der Kalkulationsstruktur und des Preises und es ist kein Aufmaß notwendig. Dies kann der Fall sein, wenn ganze Gewerke oder auch Bauteile aus der Gesamtheit der Gewerke oder Bauteile gekündigt werden.[65] *„Die Trennung nach ausgeführten und gekündigten*

---

[58] OLG Dresden, Urt. v. 10.05.2016 – 9 U 1838/15, BGH, Beschl. v. 06.02.2019 – VII ZR 128/16, IBR 2019, 543.

[59] Vgl. BGH, Urt. v. 16.10.2014, IBR 2014, 728.

[60] BGH, Urt. v. 16.10.2014, IBR 2014, 728.

[61] Vgl. BGH, Urt. v. 04.05.2000 – VII ZR 53/99, IBRRS 2000, 0830.

[62] Vgl. OLG Hamm, Urt. v. 10.01.2006 – 24 U 94/05, IBR 2006, 383.

[63] Vgl. Althaus et al., Kap. 8 Teil 6 – Kündigung, Rn 23.

[64] Vgl. Börgers, in Würfele et al. Kap. 6, Rn 800.

[65] Vgl. BGH, Urt. v. 11.02.1999 – VII ZR 91/98, IBR 1999, 202.

Leistungen anhand der Leistungsbeschreibung ist dann hinreichend“[66]. Die Aufteilung in die Gewerke dient dazu, diese wiederum mit Pauschalen zu bewerten, die in der Gesamtsumme stets den vereinbarten Pauschalpreis ergeben müssen.[67]

Der AN muss also darlegen, wie sich die erbrachten von den nicht erbrachten Leistungen abgrenzen, sei es wie erwähnt in Anhängigkeit von den Gewerken o.ä., und wie sie sich bzgl. des Preises in der vereinbarten Preispauschale wiederfinden. Dieses Vorgehen kann jedoch nicht für Gewerke erfolgen, die nur teilweise abgeschlossen wurden. Weitere Hilfsmittel zur Darlegung der erbrachten Leistung können Bestandsaufnahmen der Leistung in Form von Fotos oder Videos sein.[68]

Schätzungen nach § 287 ZPO können lediglich vorgenommen werden, wenn die tatsächlich geschuldeten Leistungen aus einem Pauschalpreisvertrag ersichtlich sind, und klar ist, welche erbrachten Leistungen schon mit Abschlägen vergütet wurden. Eine Verhältnismäßigkeitsberechnung ist unmöglich[69].

Zu den erbrachten Leistungen zählen auch nur die Leistungen, welche zum Zeitpunkt der Kündigung im Bauwerk bereits verkörpert bzw. eingeflossen sind. Nur für diese Leistungen wird später auch die Mehrwertsteuer Berücksichtigung finden. Ein ungefährer Wert an erbrachtem Aufwand ist irrelevant, da der AG den erforderlichen Werkerfolg zumindest teilweise erhalten muss.[70]

Das bedeutet weiterhin, dass die bloße Anfertigung oder Bereitstellung von Bauteilen, beispielsweise im Zuge von Vorleistungen oder Vorfertigungen, analog zum Detail-Pauschalpreisvertrag keine Bauleistung darstellen kann, und damit nicht als erbrachte Leistung abgerechnet werden kann.[71] Ein Fokus wird dabei insbesondere auf die Thematik von Einbau-, Montage- und Gewährleistungsrisiken gelegt.[72]

6.4 Ersparte Aufwendungen und anderweitiger Erwerb

Im Zuge von Kündigungsabrechnungen gilt es auch zu berücksichtigen, dass sich der AN anrechnen lassen muss, was er im Zuge der Kündigung an Aufwendungen, sprich Kosten, einspart. Die für die Restleistungen nach Abzug der ersparten Aufwendungen verbleibende Vergütung, kann jedoch *„nicht mit dem Gewinn aus dem*

[66] Drittler et al., 3. Auflage 2017, 3. Freie Kündigung, Rn 15.

[67] Vgl. OLG München, Urt. v. 06.12.2011 – 9 U 1741/11, IBR 2012, 78.

[68] Vgl. OLG München, Urt. v. 06.12.2011 – 9 U 1741/11, IBR 2012, 78.

[69] Vgl. OLG Schleswig, Entscheidung v. 01.07.2010 – 11 U 46/09, BeckRS 2010, 33395.

[70] Vgl. OLG Köln, Urt. v. 17.03.2021 – 11 U 281/19, IBRRS 2021, 978.

[71] Vgl. OLG Düsseldorf, Urt. v. 13.03.2020 – 22 U 222/19, IBRRS 2020, 1289.

[72] Vgl. BGH, Urt. v. 07.01.2003 – X ZR 16/01, IBR 2003, 0663.

Vertrag gleichgesetzt werden. Der Anspruch ist deshalb auch bei einem Verlustgeschäft begründet, soweit die Abzüge geringer sind als der vereinbarte Vergütungsanspruch."[73]

Neben den ersparten Aufwendungen ist zudem der anderweitige Erwerb zu würdigen, der ebenso wie die ersparten Aufwendungen von der Vergütung, für die nicht erbrachten Leistungen abgezogen werden muss.

Dies ist relevant für die Kündigungen von sowohl Einheits- wie auch Pauschalpreisverträgen nach § 8 Abs. 1 Nr. 2 VOB/B und § 6 Abs. 7 VOB/B sowie für § 648 BGB und § 650f Abs. 5 BGB.

Zu berücksichtigende Positionen als ersparte Aufwendungen

Bei den ersparten Aufwendungen handelt es sich um Aufwendungen, die einerseits erst während der Weiterführung bzw. Vollendung des Vertrags und andererseits bei Geräten oder Personal aufgetreten wären. Aufgrund der Kündigung sind diese Kosten schlussendlich hinfällig, müssen in der Abrechnung aber dennoch aufgegliedert werden. Nur dann ist nachvollziehbar, dass ein entsprechender Abzug korrekt vorgenommen wurde.

Ein anderes Beispiel, wann ebenfalls keine ersparten Aufwendungen basierend auf der Kalkulation des AN angesetzt werden, ist, wenn sie illusorisch niedrig angegeben wurden.[74] Rechtsprechungen aus 2018 beziehen sich demgegenüber auf solche Aufwendungen, *die sich nach den Vertragsunterlagen unter Berücksichtigung der Kalkulation ergeben.*[75] Diesem Verständnis ist auf Basis der zwischenzeitlich erfolgten Rechtsprechung, wie dargestellt, indes nicht mehr zu folgen.

Zu den ersparten Aufwendungen zählen Kosten des Personals mit konkretem Baustellenbezug, welche infolge der Kündigung nicht mehr wie kalkuliert eingesetzt werden.[76]

Materialkosten, Stoffe und Geräte, bilden eine zweite Gruppe der ersparten Aufwendungen, da Neuanschaffungen oder gar Mieten entfallen. Wurde Material im Vorfeld beschafft, wird es nun aber nicht mehr gebraucht, aber ggf. für andere Baustellen verwendet, kann es eine ersparte Aufwendung darstellen.

Weiterhin werden Kosten für Nachunternehmer (NU) als ersparte Aufwendungen angesetzt. Hier ist jedoch zu berücksichtigen, ob der AN infolge der eigenen Kündigung dem NU ebenfalls den Vertrag kündigt. Dann hat der NU analog dazu ebenfalls einen Anspruch auf Vergütung.[77] Wurden noch keine NU-Leistungen beauftragt, muss der AN

[73] OLG Hamburg, Urt. v. 26.04.2019 – 11 U 46/11; BGH, Beschl. v. 05.05.2021 – VII ZR 107/19, Werkstatt-Beitrag (Einstelldatum: 05.11.2021).

[74] Vgl. Althaus et al. Rn 25-26.

[75] OLG Köln, Urt. v. 14.12.2018 – 19 U 27/18, IBR 2019, 126.

[76] Vgl. Althaus et al. Rn 27.

[77] Vgl. Althaus et al. Rn 30.

„die hypothetische Beauftragung in Ansatz bringen"[78]. Vorauszusetzen ist dabei, dass beispielsweise bei einem Pauschalpreis die Berechnung *„aufgrund der Aufgliederung der Gesamtvergütung in Einzelleistungen im Endergebnis einen hinreichenden Detaillierungsgrad erreicht, sodass der Besteller sie überprüfen kann"*.[79]

Die zeitabhängigen Baustellengemeinkosten (BGK) werden als variable Kosten kündigungsbedingt eingespart und können im Zuge einer verkürzten Bauzeit als ersparte Aufwendungen abgezogen werden.[80]

Als letzte Gruppe sind die ersparten Aufwendungen bezüglich des Wagnisses anzugeben und als *„einkalkulierter Risikozuschlag"*[81] getrennt auszuweisen. Verwirklichte sich das Risiko nicht, kann es abgezogen werden.[82]

Nimmt der AN Bezug auf seine Urkalkulation unabhängig davon, ob sie ursprünglich oder erst nachträglich erstellt wurde, und sieht der AG die Berechnung der ersparten Aufwendungen durch den AN als nicht schlüssig bzw. die betreffenden Positionen als zu niedrig an, ist er insofern darlegungs- und beweislastpflichtig, dass die Aufwendungen tatsächlich höher sind und die Kalkulation damit fehlerhaft ist.[83] Gemäß der Rechtsprechung des OLG Düsseldorf vom 27.08.2021 ist der AN vorher erstdarlegungspflichtig.[84]

Nicht als ersparte Aufwendungen zu berücksichtigende Positionen

Neben den dargestellten Positionen, welche als ersparte Aufwendungen angegeben werden können, gibt es auch eine Reihe an Positionen, die nicht dazu zählen. Dazu gehören der entgangene Gewinn, die – sofern angefallen – zeitunabhängigen Baustelleneinrichtungskosten, Baustellenräumungskosten sowie die Allgemeinen Geschäftskosten (AGK).[85]

Pauschalierung der Positionen

Anhand dieser Aufstellungen, welche Positionen zu berücksichtigen sind und welche nicht, wird nachvollziehbar, warum es zu Meinungsverschiedenheiten zwischen den Vertragsparteien kommen kann. Zur Vereinfachung wird auch im § 648 BGB zur Kündigung eine Pauschalierung von den Endzuschlägen mit 5 % angegeben, beispielsweise im § 648 S. 3 BGB. Diese 5 % sind ebenso auf einen gekündigten VOB-Vertrag

---

[78] OLG Hamburg, Urt. v. 26.04.2019 – 11 U 46/11; BGH, Beschl. v. 05.05.2021 – VII ZR 107/19, Werkstatt-Beitrag (Einstelldatum: 05.11.2021).

[79] KG, Urt. v. 15.06.2018 – 21 U 140/17, IBR 2018, 459.

[80] Vgl. Mintgens, in Würfele et al., Kap. 9, Rn 1088.

[81] Vgl. Althaus et al. Rn 32.

[82] Vgl. Althaus et al. Rn 25-32.

[83] Vgl. OLG Köln, Urt 14.12.2018 – 19 U 27/18, IBR 2019, 126.

[84] Vgl. OLG Düsseldorf, Urt. v. 27.08.2021 – 22 U 267/20, IBRRS 2021, 3038.

[85] Vgl. Börgers, in Würfele et al. Kap. 9, Rn 1089.

anwendbar.[86] Durch das Forderungssicherungsgesetz aus dem Jahr 2009 ist diese Erleichterung für die Darlegungslast des AN mit in das BGB aufgenommen worden. Die Regelung *„begründet lediglich eine für den Auftraggeber widerlegbare Vermutung für einen Mindestsatz der Kündigungsvergütung im Verhältnis zur vereinbarten Vergütung“*[87]. Dadurch wird dem AN die sekundäre Darlegungslast erleichtert und er kann diesen Anspruch auch ohne Abrechnung geltend machen.[88]

Anderweitiger Erwerb

Gemäß § 648 S. 2 BGB muss sich der AN *„jedoch das anrechnen lassen, was er [...] durch anderweitige Verwendung seiner Arbeitskraft erwirbt oder zu erwerben böswillig unterlässt“*. Diese Regelung findet sich zudem auch in der VOB/B wieder.

Gemäß BGB und VOB/B ist dabei der kausale Zusammenhang zwischen Kündigung und der darauf basierenden Annahme eines anderen Ersatzauftrags, wodurch der AN anderweitige Deckungsbeiträge und Gewinn erzielt, entscheidend. Kapazitäten werden durch die Kündigung frei und werden dementsprechend an anderer Stelle eingesetzt. Die Ersatzaufträge werden dabei als „Füllaufträge“[89] bezeichnet.

Ein weiterer Fall anderweitigen Erwerbs liegt vor, wenn der AG dem AN einen Auftrag kündigt und ihn unmittelbar dazu mit einem Ersatzauftrag beauftragt. Ebenfalls schließt dies einen Auftrag als Nachtrag nach § 1 Abs. 4 S. 1, 2 VOB/B ein, wenn dieser die Position der ursprünglichen Leistung einnimmt.[90]

6.5 Kündigungsklauseln

Ein weiterer Aspekt, der in Bezug auf die Kündigungsvergütung berücksichtigt werden muss, ist die Verwendung von speziellen Kündigungsklauseln durch eine Vertragspartei im Bauvertrag.

Durch den AG gestellte Klauseln

Durch diese Klauseln schränkt der AG den Vergütungsanspruch des AN im Falle einer Kündigung einschließlich einer freien Kündigung ein. Durch diese sogenannten AG-Klauseln wird oftmals versucht die Vergütung für die erbrachten Leistungen oder die Gesamtvergütung zu begrenzen, was jedoch infolge einer Inhaltskontrolle nach den § 307 Abs. 2 BGB eine unangemessene Benachteiligung des AN darstellen würde. Das Resultat ist die Unwirksamkeit. Die Inhaltskontrolle wird dabei stets zu Lasten des

[86] Vgl. KG, Urt. v. 20.02.2018 – 7 U 40/17; BGH, Beschl. V. 21.11.2018, IBR 2019, 369.

[87] Althaus et al., Kap. 8 Teil 6 – Kündigung, Rn 38

[88] Vgl. Althaus et al., Kap. 8 Teil 6 – Kündigung, Rn 38 ff.

[89] Vgl. Althaus et al., Kap. 8 Teil 6 – Kündigung, Rn 33.

[90] Vgl. Althaus et al., Kap. 8 Teil 6 – Kündigung, Rn 33.

Verwenders der AGB ausgelegt, also derjenigen Vertragspartei, die den Bauvertrag stellt, bzw. die streitige Regelung in den Vertrag eingebracht hat. Wird durch entsprechende Klauseln der gesetzliche Anspruch beschränkt, greift die Inhaltskontrolle mit ihren Regelungen ebenfalls.[91]

Durch den AN gestellte Klauseln

Neben den AG-Klauseln finden sich auch AN-seitig gestellte Klauseln in Bauverträgen wieder. In derartigen Klauseln wird primär die Vergütung der erbrachten Leistungen hervorgehoben, welche ohne Abweichungen vom gesetzlichen Leitbild nicht von der Inhaltskontrolle betroffen sind.[92] Werden Regelungen für die Vergütung formuliert, die vom Vertrag abweichende Preise vorgeben, so sind auch diese Klauseln unwirksam, beispielsweise: *„Die Vergütungspauschale bei einer vorzeitigen Vertragskündigung darf nicht von vornherein unangemessen hoch sein.“*[93] Es darf auch hier keine unangemessene Benachteiligung für die andere Vertragspartei entstehen. Orientierung gibt dabei der § 649 BGB mit seinen Regelungen. Gemäß BGH-Entscheidungen aus den Jahren 1983 und 2000 werden dafür Vergütungspauschalen von 5–7,5 % der Auftragssumme akzeptiert bzw. nicht beanstandet. Vergütungspauschalen, welche diese Prozentangaben übersteigen, bedürfen einer weitergehenden Erläuterung.[94] Ein weiteres Beispiel für eine unwirksame Klausel wären Klauseln, in denen ersparte Aufwendungen, jedoch kein anderweitiger Erwerb abgezogen werden sollen. Weiterhin wären Klauseln die *„nicht den Nachweis einer höheren Ersparnis erlauben“* unwirksam.[95]

6.6 Übersicht zur Abrechnung der Kündigungsmöglichkeiten gemäß BGB und VOB/B

6.6.1 Abrechnung nach BGB-Vertrag

Kündigung durch den AG

„Freie“ bzw. ordentliche Kündigung nach § 648 BGB

„Die Kündigung führt nicht zur Beendigung des Erfüllungsstadiums“[96], sondern es folgt ein Anspruch des AN auf eine Abnahme seiner bereits erbrachten Leistung sowie auf ein gemeinsames Aufmaß, welches sich beides aus dem Kooperationsgedanken des

[91] Kniffka et al., Teil 8 Rn 90-91.

[92] Kniffka et al., Teil 8 Rn 92-94.

[93] Kniffka et. al., Teil 8 Rn 94.

[94] Vgl. BGH-Urt. v. 10.03.1983 - VII ZR 302/82, BauR 1983, 266; BGH-Urt. v. 30.03.2000 - VII ZR 167/99.

[95] Kniffka et al., Teil 8 Rn 93.

[96] Mintgens, in Würfele et al., Kap. 9 Rn 1082.

Bauvertrages ableiten lässt. An die Abnahme anschließend sieht das BGB die Fälligkeit des vereinbarten Werklohns für den AN vor. Lediglich das, was er infolge der Vertragskündigung an Aufwendungen spart, durch eine andere Tätigkeit erwirbt oder gar zu erwerben unterlässt, muss er sich nach § 648 S. 2 BGB anrechnen lassen. Demgemäß müssen die erbrachten von den nicht erbrachten Leistungen wie bereits dargestellt, abgegrenzt werden. Die Abrechnung erfolgt wieder getrennt. Zum einen für den Anspruch der Vergütung für die erbrachte Leistung nach § 631 Abs. 1 BGB und andererseits für den Anspruch der Kompensation für die entgangene Vergütung.[97]

Alternativ stehen ihm 5 % der Vergütung auf den Teil seiner, durch die Kündigung noch nicht erbrachten, Leistung zu.[98] Diese Vorgabe beugt möglichen Streitigkeiten zwischen den Vertragsparteien vor, sofern der AG die vom AN angegebene Höhe des entgangenen Gewinns anzweifelt. Geringere oder höhere ersparte Aufwendungen sowie anderweitiger Erwerb unterliegen der Darlegungs- und Beweislast des AN.[99]

Der AG hat mit diesem Kündigungsrecht die Möglichkeit jederzeit und ohne Erfordernis eines konkreten Grundes zu kündigen. Nachteilig ist jedoch die anschließende möglicherweise kostspielige Vergütung des AN. Je früher der AG auf dieser Basis die Kündigung ausspricht und damit eine größere Zeitspanne bis zur geplanten Abnahme vorliegt, desto teurer kann die Kündigung für den AG werden. Damit ist diese Kündigungsart für den AG in der Praxis nicht sehr beliebt, erhält doch der AN wie beschrieben seinen nahezu vollen Vergütungsanspruch oberhalb von im Wesentlichen nicht erbrachten Kosten. Für den AN sind an dieser Stelle kaum Nachteile zu verzeichnen, da er nach der Kündigung ähnlich gestellt ist, als wäre der Vertrag vollständig durchgeführt worden. Der AG dagegen erhält kein fertiggestelltes Werk und soll dennoch die vereinbarte Vergütung zahlen.[100] Die Idee an dieser Stelle, die „freie" Kündigung durch AGB auszuschließen ist nicht möglich. Solch eine Klausel wäre stets unwirksam.[101]

Das daraus resultierende Zusatzrisiko für den AG besteht darin, dass die bis dahin unfertige Leistung durch ein Drittunternehmen hinsichtlich der Gewährleistungsübernahme kritisch betrachtet wird. Bestehen Unklarheiten, ob eine „freie" oder eine außerordentliche Kündigung vorliegt und dazu ferner eine Weiterführung des Vertrags im Raum steht, ist die Verjährung eines Anspruchs regelmäßig gehemmt.[102]

Außerordentliche Kündigung nach § 649 BGB

Im Vergleich zum vorangehenden § 648 BGB, ist diese Vergütungsfolge für den AG mit deutlich weniger Risiken und geringeren Kosten verbunden. Die voraussichtlichen

[97] Mintgens, in Würfele et al., Kap. 9 Rn 1073 ff.

[98] Vgl. § 648 Abs. 2,3 BGB.

[99] Vgl. Mintgens, in Würfele et al., Kap. 9 Rn 1082–1092.

[100] Mintgens, in Würfele et al., Kap. 9 Rn 1082 ff.

[101] Vgl. LG Düsseldorf, Urt, v. 25.06.2010 – 22 S 282/09, IBRRS 2010, 4158.

[102] Vgl. § 203 S. 1 BGB.

Kosten des Bauvorhabens vor Ausführung, kurz der unverbindliche Kostenanschlag, werden durch den AN kalkuliert und dem AG vorgelegt. Für in Kraft treten des § 649 BGB muss der Bauvertrag auf Grundlage dieses Kostenvoranschlags abgeschlossen worden sein und damit Geschäftsgrundlage des Vertrags sein. Eine Kündigung durch den AG kann schließlich erfolgen, wenn der Kostenvoranschlag drastisch überschritten wird, bzw. nicht eingehalten werden kann. Der Schwellenwert für eine „drastische Überschreitung“ wird regelmäßig mit einer Kostenüberschreitung von über 25 % angegeben. Wird eine Überschreitung ersichtlich, hat der AN die Pflicht nach § 649 Abs. 2 BGB diese dem AG mitzuteilen, sofern er eine Pflichtverletzung und mögliche Schadensersatzansprüche nach § 280 BGB vermeiden will. Eine entsprechende Überschreitung von über 25 % lässt sich jedoch häufig erst im viel späteren Verlauf des Bauvorhabens erkennen, wobei dann auch eine Kündigung die Kostenüberschreitung nicht mehr bremsen kann.[103] Nach der Kündigung durch den AG steht dem AN ein Anspruch gemäß § 645 Abs. 1 BGB zu. Damit wird eine Vergütung fällig, die der erbrachten Leistung des AN entspricht.[104] Dies wird so in der Fachliteratur weitergeführt und damit verdeutlich, dass der AN *„einen der geleisteten Arbeit entsprechenden Teil der Vergütung und Ersatz der in der Vergütung nicht inbegriffenen Auslagen verlangen“*[105] *kann.*

Kündigung durch AN

Kündigung nach § 643 BGB

Voraussetzung für diese Kündigung ist, dass sich der AG in Annahmeverzug gemäß § 642 BGB befindet. Der AN auf der anderen Seite sollte konstant seine Leistungsbereitschaft bzw. -fähigkeit für die Leistung anzeigen. Im Anschluss an die Kündigung durch den AN infolge einer verstrichenen Fristsetzung und Kündigungsandrohung aufgrund des Annahmeverzugs, folgt als Rechtsfolge die Kündigungsvergütung des AN. Dieser hat nach § 645 Abs 1 S. 2 BGB einen Vergütungsanspruch für den geleisteten Teil seiner Arbeit und *„Ersatz der in der Vergütung nicht inbegriffenen Auslagen“*. Die Teilung nach erbrachter und noch nicht erbrachter Leistung entspricht der Vorgabe der gängigen Rechtsprechung. Der Annahmeverzug durch den AG wird dabei als verschuldensunabhängig bewertet, wodurch der AN zudem Nichterfüllungsschaden geltend machen kann. Die Höhe ergibt sich nach § 645 Abs. 2 BGB aus dem Werklohn für den nicht mehr erbrachten Teil der Leistung, wobei sich der AN Kosten durch die Leistungsbefreiung, anderweitigen Erwerb oder böswilligem Unterlassen des Erwerbs anrechnen lassen muss. Unter der Voraussetzung des § 645 Abs. 2 BGB steht dem AN dabei ein weitergehender Anspruch auf den Ersatz für seine nicht erbrachte Leistung und den darin

[103] Vgl. Mintgens et al., 2018, Kap. 9 Rn 1118-1122.

[104] Vgl. OLG Saarbrücken, Urt. v. 19.11.2014 – 2 U 172/13, IBRRS 2014, 3168.

[105] Mintgens, in Würfele et al., Kap. 9 Rn 1119.

enthaltenen Anteil für AGK sowie für Wagnis und Gewinn zu. Die Darlegungs- und Beweislast trägt dafür erneut der AN.[106]

Kündigung wegen Fehlender Bauhandwerkssicherung nach § 650f BGB

Wurde die Kündigung wirksam ausgesprochen und der AN hat keinen Gebrauch von seinem Leistungsverweigerungsrecht oder der Klage auf die Sicherheit gemacht, erfolgt nach der Abnahme der erbrachten Teilleistung die Vergütung des AN. Für die Feststellung der erbrachten bzw. der nicht erbrachten vereinbarten Leistungen findet das bereits vorgestellte Vorgehen gemäß § 648 BGB Anwendung. Die Abrechnung wird demnach wieder in zwei Teile aufgeteilt. Für die erbrachte Leistung kann er die vereinbarte Vergütung fordern, ebenso eine Vergütung für die nicht erbrachten Leistungen. Der AN *„muss sich jedoch dasjenige anrechnen lassen, was er infolge der Aufhebung des Vertrags an Aufwendungen erspart oder durch anderweitige Verwendung seiner Arbeitskraft erwirbt oder böswillig zu erwerben unterlässt“*.[107] Zudem wird dem AN eine fünf-prozentige Vergütung auf den noch nicht erbrachten Leistungsteil ermöglicht. Erfüllungs- sowie Mängelansprüche der bisher erbrachten Leistungen bleiben bestehen.[108] Die Dauer der Frist wurde bereits im Kap. 5 zu den allgemeinen Informationen dieser Kündigungsmöglichkeit vorgestellt. Bereits daran werden Vorgaben hinsichtlich der Länge geknüpft. Wird die Dauer bestimmt, ergibt sich daraus, dass eine Kündigung entsprechend nur möglich ist, wenn diese auch eingehalten wird. Gesetzt den Fall, dass der AN diese Dauer nicht einhält und ohne Verstreichen der Frist kündigt, obwohl der AG möglicherweise bereits seine Bereitschaft zu Stellung der Sicherheit anzeigt, hat dies Konsequenzen für den AN. Der AN liefert dem AG dadurch seinerseits einen Anlass zur Kündigung aus wichtigem Grund ohne, dass dieser dem AN vorab eine Frist setzen muss.[109]

Außerordentliche Kündigung nach § 648a BGB

Nachdem der Bauvertrag von einer Partei gekündigt wurde, kann diese Partei gemäß § 648a Abs. 4 S. 1 BGB von der anderen Vertragspartei die gemeinsame Leistungsfeststellung verlangen. Bei dieser Leistungsfeststellung, an der grundsätzlich beide Vertragsparteien ein Interesse haben sollten, ist der bis zur Kündigung erbrachte Leistungsteil lediglich quantitativ zu bewerten. Im Anschluss an die Leistungsfeststellung kann der AN seinen Vergütungsanspruch für den erbrachten Teil der vereinbarten Leistung geltend machen, während der AG u.a. eine Übersicht der erbrachten und noch offenen Arbeiten für eine mögliche Weiterführung durch ein Drittunternehmen

[106] Vgl. Kniffka et al., Teil 7 Rn 59–63.

[107] § 650f Abs. 5 S. 2 BGB.

[108] Vgl. Althaus et al., Kap. 9 Teil 7 – Sicherheiten, Rn 46.

[109] Vgl. OLG München, Beschl. v. 22.05.2017 – 28 U 4449/16 Bau, IBRRS 2020, 3448.

benötigt.[110] Verweigert sich eine Vertragspartei der gemeinsamen Leistungsfeststellung, trifft sie gemäß § 648a Abs. 4 S. 2 BGB *die Beweislast für den Leistungsstand zum Zeitpunkt der Kündigung*. Bei unverschuldetem Fernleiben gilt diese gesetzliche Vorgabe entsprechend nicht.[111]

Für die Vergütung der erbrachten Leistung nach Absatz 5 ist es nicht von Belang, welche Vertragspartei gekündigt hat, da der AN grundsätzlich berechtigt ist, seinen Anspruch für die Vergütung der erbrachten Leistung nach den allgemeinen Grundsätzen geltend zu machen.[112] Unabhängig von der Teilvergütung besteht weiterhin das Recht auf Schadensersatz nach § 648a Abs. 6 BGB, wenn beispielsweise eine Partei einen wichtigen Grund zur Kündigung absichtlich herbeigeführt hat. Ein Blick auf die Anspruchsgrundlage nach § 280 Abs. 1 S. 1 BGB ergibt sich, wenn der AN kündigt und als Folge seiner entgangenen Vergütung Schadensersatz einfordert. Unter dem entstandenen Schaden werden entgangene Deckungsbeiträge und der entgangene Gewinn aufgeführt. Im umgekehrten Fall, dass der AG kündigt und Schadensersatz einfordert, führt er beispielsweise Mehrkosten für die Weiterführung der Arbeiten durch ein Drittunternehmen oder Verzögerungsschäden als Schaden auf.[113]

6.6.2 Abrechnung nach VOB-Vertrag

Kündigung durch den AG

Freie bzw. ordentliche Kündigung nach § 8 Abs. 1 VOB/B

Wie eingangs erläutert, entspricht das freie Kündigungsrecht nach § 8 Abs. 1 VOB/B der Kündigung nach § 648 BGB.[114] Analog zum BGB hat der AN auch hier einen Anspruch auf seine vollständige vertraglich vereinbarte Vergütung. Eine Einschränkung bildet dabei lediglich die Anrechnung der durch die Kündigung nicht erbrachten Leistungen. Hierbei kommt es auf die ersparten Kosten, die Vergütungen durch anderweitigen Erwerb oder den möglicherweise von ihm böswillig unterlassenen anderweitigen Erwerb an. Auf weitere Ausführungen wird an dieser Stelle, aufgrund der bereits vorgestellten identischen Rechtsfolgen des § 648 BGB, verzichtet.

Außerordentliche Kündigung nach § 8 Abs. 2 VOB/B

Als Folge der Kündigung nach § 8 Abs. 2 VOB/B, d. h. wegen Zahlungsunfähigkeit des AN, hat der AN Anspruch auf Vergütung seiner bis zur Kündigung erbrachten Leistung.

[110] Vgl. Mintgens, in Würfele et al., Kap. 9 Rn 1093 ff.

[111] Vgl. Mintgens, in Würfele et al., Kap. 9 Rn 1106.

[112] Vgl. Mintgens, in Würfele et al., Kap. 9 Rn 1107–1109.

[113] Vgl. Mintgens, in Würfele et al., Kap. 9 Rn 1111–1112.

[114] Vgl. Althaus et al., Kap. 8 Teil 6 – Kündigung, Rn 15.

Es erfolgt daher wiederum eine notwenige Abgrenzung der erbrachten Leistung zur nicht erbrachten Leistung.[115] Die erbrachten Leistungen werden gemäß § 8 Abs. 2 VOB/B nach den Vorgaben des § 6 Abs. 5 VOB/B abgerechnet. Gemäß § 6 Abs. 5 VOB/B erfolgt die Abrechnung der ausgeführten Leistung nach den vereinbarten Preisen sowie der Kosten, welche dem AN im Zuge seiner Tätigkeit bereits entstanden sind, unabhängig davon, ob diese Leistung noch aussteht.[116] Als Zusatz zu den Vorgaben des § 6 Abs. 5 VOB/B besteht zudem ein Schadensersatzanspruch für den AG wegen Nichterfüllung des AN. Bei diesem Anspruch werden die Kosten berücksichtigt, die entstehen, wenn das Bauwerk nachträglich noch fertiggestellt wird. Der Schadensersatzanspruch gemäß § 6 Abs. 6 VOB /B steht ohne Zusammenhang zu einem besonderen Verschulden im Raum. Grund dafür ist, dass der AN *„seinen Mangel an finanziellen Mitteln nach der Wertung von § 276 BGB stets zu vertreten hat“*[117]. Unabhängig davon ist der AN im Zuge einer Kündigung wegen drohender oder tatsächlicher Insolvenz dennoch bessergestellt, als durch eine sonstige Kündigung aus wichtigem Grund. In diesen Fällen werden lediglich die erbrachten Leistungen vergütet.[118]

Außerordentliche Kündigung nach § 8 Abs. 3 VOB/B

Die außerordentliche Kündigung, bezogen auf die Überschreitung von vereinbarten Fristen, umfasst eine Vielzahl an Tatbeständen. Ein außerordentlicher Kündigungsgrund, wie beispielsweise das vehemente Ignorieren von Bauherrenvorgaben, bezieht immer auch den Versuch des AG mit ein, schwierige Verhältnisse im Umgang mit dem AN auf vorerst einvernehmliche Weise zu klären. Erst wenn dieser Versuch endgültig gescheitert ist, folgt die Kündigung mit den entsprechenden Konsequenzen. Die Forderung des AN auf Abnahme und Aufmaß nach § 8 Abs 7. VOB/B, um seine in diesem Paragrafen festgehaltenen Ansprüche umsetzen zu können, gehen mit der Stellung der Schlussrechnung einher.

Grundsätzlich kann der AN auch infolge dieser Kündigung die Vergütung seiner erbrachten Leistungen verlangen. Auch kann der AG nach § 8 Abs. 3 Nr. 2 S. 1 VOB/B Mehrkosten dafür verlangen, dass ausstehende Leistungen durch ein Drittunternehmen übernommen werden müssen. Mit Blick auf weitere ihm entstandenen Schäden, insbesondere bezogen auf die Bauausführung bzw. auf die Überschreitung von Fristen und dem folgenden Verzug, steht dem AG unabhängig von den genannten Rechtsfolgen der Kündigung nach § 8 Abs. 3 VOB/B ein Anspruch auf Ersatz des durch den Verzug entstandenen Schadens zu.[119]

Strebt der AG die Fertigstellung des Bauwerks nicht mehr an, dies ist gemäß § 8 Abs. 3 Nr. 2 S. 2 VOB/B durchaus möglich, verzichtet er auf die Ersatzvornahme und kann

[115] Vgl. BGH, Urt. und Teilversäumnisurt. v. 18.04.202 – VII ZR 164/01 (KG), IBR 2000, 594.

[116] Vgl. Althaus et al., Kap. 8 Teil 6 – Kündigung, Rn 107–108.

[117] Althaus et al., Kap. 8 Teil 6 – Kündigung, Rn 108.

[118] Vgl. Althaus et al., Kap. 8 Teil 6 – Kündigung, Rn 108.

[119] Vgl. Althaus et al., Kap. 8 Teil 6 – Kündigung, Rn 57–63.

stattdessen Schadensersatz wegen Nichterfüllung fordern. Eine Einschränkung für dieses Vorgehen besteht, da der Grund für die Kündigung kausal für das nicht mehr vorhandene Interesses an einer Weiterführung der Leistung stehen muss. Entscheidet sich der AG hingegen dafür, die Arbeiten durch ein Drittunternehmen fertigstellen zu lassen, kann er dafür Geräte etc. des gekündigten AN nutzen.[120]

Eine detaillierte Ausführung zu den Konsequenzen bzgl. der Abwicklung von Ersatzvornahmen nach der Kündigung, wird in § 8 Abs. 3 Nr. 4 VOB/B vorgenommen, denn dort erfolgt eine Auflistung der entstandenen Mehrkosten sowie weiterer Ansprüche. Nach Ablauf von 12 Werktagen nach Abrechnung mit einem Drittunternehmen muss diese Auflistung dem AN zugestellt werden. Aber auch noch nach Ablauf dieser 12-Werktagefrist steht dem AG zu, weitere Ansprüche geltend zu machen. Die Anspruchsgrundlagen sind diesbezüglich detailliert darzulegen.

Außerordentliche Kündigung nach § 8 Abs. 4 VOB/B

Gemäß der Kündigung nach Absatz 4, d.h. der Vergabeabrede zur Unzulässigen Wettbewerbsbeschränkung, kann der AG die gleichen Rechte wie in Absatz 3 auf die Nr. 1, und 2a) anwenden. Für die Nr. 2b) erfolgt die Abrechnung dagegen auf den Grundlagen des § 6 Abs. 5 VOB/B. Das heißt, dass die Abrechnung der erbrachten Leistungen nach Vertragspreisen sowie die Vergütung der Kosten, die dem AN vor der Kündigung für den nicht erbrachten Teil schon entstanden sind, zu erfolgen hat.

Liegt dem nicht konformen Verhalten im Vergabewettbewerb eine zu hohe Vergütung für den AN zugrunde, steht der Vergütung der erbrachten Leistungen ein möglicher Schadensersatzanspruch gemäß § 823 Abs. 2 BGB in Verbindung mit dem § 263 StGB oder dem § 826 BGB entgegen. Hier wird die *„Höhe der Differenz zwischen der gewöhnlichen und der überhöhten Vergütung“*[121] angesetzt.

Kündigung durch den AN

Außerordentliche Kündigung nach § 9 VOB/B

Bezogen auf den Inhalt liegen beim § 9 VOB/B überwiegend identische Tatbestandsmerkmale wie beim § 642 BGB vor. Der endgültige Kündigungsgrund fordert jedoch keine Behinderungsanzeige nach § 6 Abs. 1 VOB/B, sondern das Setzen einer Kündigungsfrist.[122] Die Vorgaben, dass im Zuge der Kündigung durch den AG nach § 8 Abs. 7 VOB/B das Aufmaß und eine Abnahme der erbrachten Leistungen folgen, ebenso wie die Erstellung der prüfbaren Abrechnung dazu, ist auch auf diese Kündigung übertragbar. Gemäß den Inhalten des Absatzes 3 dieses Paragrafen erfolgt die Abrechnung der erbrachten Arbeiten nach den vertraglich vereinbarten Preisen und

---

[120] Vgl. § 8 Abs. 3 Nr. 3 VOB/B.

[121] Voit, in Messerschmidt et al., Rn 26, 27.

[122] Vgl. Althaus et al., Kap. 8 Teil 6 – Kündigung, Rn 112.

entsprechend den gesetzlichen Regelungen in § 643 BGB und § 645 BGB gemäß den Vorgaben zur freien Kündigung durch den AG.[123]

Keinesfalls explizit erwähnt wird eine anschließende erforderliche Abnahme sowie die Notwendigkeit eines Aufmaßes. Ebenfalls nicht genannt werden Hinweise auf bereits entstandene Kosten für noch nicht erbrachte Leistungen. Ein Anspruch auf eine angemessene Entschädigung gemäß § 642 BGB verweist dabei auf die nicht mehr erbrachten Restleistungen. Neben der Bereithaltung von Arbeitskraft etc. ist ebenfalls der entgangene Gewinn abrechenbar.[124] Der Entschädigungsanspruch bezieht sich dabei auf die durch den Annahmeverzug des AG resultierenden Nachteile des AN. Dazu gehört eine *„angemessene Entschädigung dafür, dass er während der Dauer des Annahmeverzugs Personal, Geräte und Produktionsmittel zur Herstellung der Werkleistung bereithält."*[125]

Kündigung durch den AG und den AN

Sonderkündigungsrecht nach § 6 Abs. 7 VOB/B

Im Falle der Unterbrechung der Bauaktivitäten für mehr als drei Monate, besteht die Möglichkeit eines Sonderkündigungsrechts. Entscheidet sich eine Vertragspartei den Vertrag nach § 6 Abs. 7 VOB/B zu kündigen, treten die Rechtsfolgen des § 6 Abs. 5 und 6 VOB/B in Kraft. Nach § 6 Abs. 5 VOB/B werden also die erbrachten Leistungen nach Vertragspreisen abgerechnet, sowie für die noch zu leistenden Arbeiten bereits getätigte Kosten. Nach § 6 Abs. 6 VOB/B hat die Vertragspartei, welche kein Verschulden trägt, Schadensersatzanspruch bei grober Fahrlässigkeit oder gar Vorsatz der schuldhaften Partei. Die Entschädigungsmöglichkeit nach § 642 BGB bleibt bei vorangegangener Behinderungsanzeige oder Offenkundigkeit zudem bestehen und wird gesondert berücksichtigt.

Haben beide Vertragsparteien die entsprechende Unterbrechung verschuldet und beiden steht das Kündigungsrecht gleichermaßen zu, ist ein Schadensersatz nach § 6 Abs. 6 VOB/B bzw. nach § 254 BGB zu kürzen. Der § 254 BGB behandelt dabei die Thematik des Mitverschuldens[126] Gemäß § 254 Abs. 1 BGB wird dabei bewertet, *„inwieweit der Schaden vorwiegend von dem einen oder dem anderen Teil verursacht worden ist."* Weiterhin wir der Schadensersatz bei einer geringen achtlosen Verursachung begrenzt auf den nachzuweisenden Schaden minus den entgangenen Gewinn. Kündigt der AN und hat er selbst die Unterbrechung verursacht, hat er lediglich Anspruch auf seine erbrachten Leistungen nach § 6 Abs. 5 VOB/B, ohne Berücksichtigung eines möglichen Entschädigungsanspruchs. Dieser Anspruch wird dem AG stattdessen zugesprochen. Hat der AN die Unterbrechung nicht zu vertreten, sind nach § 6 Abs. 7 VOB/B zudem Baustellenräumungskosten zu vergüten.

---

[123] Vgl. Kniffka et al., Teil 7 Rn 64 ff..

[124] Vgl. Mintgens, in Würfele et al., Kap. 9 Rn 1163–1165.

[125] BGH, Urt. v. 26.10.2017 - VII ZR 16/17, IBR 2017, 3751.

[126] Vgl. Voit, in Messerschmidt et al., VOB/B § 6 Behinderung und Unterbrechung der Ausführung, Rn 20.

6.7 Zusammenfassung der Abrechnungsgrundsätze nach Kündigung

Für eine korrekte Abrechnung und zur Vorbereitung einer abschließenden Schlussrechnung ist die Kenntnis über entsprechende Kündigungsgrundsätze essenziell. Dafür steht an erster Stelle die richtige rechtliche Einordnung des geschlossenen Vertrages. Neben dem BGB-Vertrag liegt gerade bei einem öffentlichen Auftraggeber häufig ein VOB-Vertrag vor. Das Wissen, welche Art von Vertrag geschlossen wurde, ist hinsichtlich der verschiedenen Kündigungsmöglichkeiten und zugehörigen Kündigungsregelungen relevant. Liegt ein VOB-Vertrag vor, wird der dortige Teil B mit Bedingungen für die Ausführung von Bauleistungen ausschlaggebend und infolge eines BGB-Vertrags mit den Paragrafen zum Werkvertrag und potenziell ergänzend die Regelungen zum Bauvertrag ab § 650a ff. BGB.

Die verschiedenen Kündigungsrechte in der VOB entsprechen überwiegend denen aus dem BGB. Der AG hat jeweils ein freies Kündigungsrecht, im Zuge dessen er jederzeit ohne Angabe von Gründen kündigen kann. Zudem besteht die Möglichkeit einer Kündigung aus wichtigem Grund. Demgegenüber hat der AN lediglich ein Recht auf Kündigung aus wichtigem Grund. Eine signifikante Ausnahme stellt die Kündigung infolge einer Überschreitung des Kostenvoranschlags gemäß § 649 BGB dar, die in der VOB/B nicht verankert ist. Dessen ungeachtet kann dieses Kündigungsrecht jedoch auch auf einen VOB-Vertrag angewandt werden.[127] Hintergrund ist, dass der § 2 Abs 3 VOB/B nur die Mengenänderungen berücksichtigt und deren Auswirkungen auf den Einheitspreis, jedoch keine Aussagen zulässt, welche Preisüberschreitungen nicht mehr akzeptabel sind.[128] Unabhängig davon sind die Kündigungsmöglichkeiten in der VOB/B detaillierter beschrieben und zeigen bestimmungsgemäß einen deutlicheren Bezug auf typische Bauverträge.

Hat eine Vertragspartei vor den Bauvertrag zu kündigen, sind für die Wirksamkeit der Kündigung die entsprechenden Voraussetzungen und Vorgaben aus den Kündigungsregelungen zu berücksichtigen. Die Kündigung ist sodann schriftlich zu verfassen und dem korrekten Adressaten oder einem Bevollmächtigten zuzustellen.

Mit Blick auf die erläuterten Rechtsfolgen aus den verschiedenen Kündigungsmöglichkeiten lässt sich eine Übersicht mit den relevanten Aspekten zusammenfassen. Grundsätzlich wird zwischen den bis zur wirksamen Kündigung erbrachten und den noch nicht geleisteten restlichen Arbeiten des dazugehörigen Werkvertrages unterschieden. Dabei ist die Abnahme bzw. Zustandsfeststellung der erbrachten Leistung von großer Bedeutung. Die Abnahme schließt alsdann das Erfüllungsstadium des gekündigten Vertragsverhältnisses ab. Als *Blick über den Tellerrand* kann an dieser Stelle, hinsichtlich der Bedeutung von erbrachten und nicht erbrachten Leistungen nach

[127] Vgl. Börgers, in Würfele et al., Kap. 9, Rn 1123.

[128] Vgl. Voit, in Messerschmidt et al., Rn 1–2.

Kündigungen, zur Verdeutlichung noch der Architekten- oder Ingenieurvertrag hinzugezogen werden. Auch hier ist die Differenzierung der Leistungen einzuhalten. Kündigt der AG einem Architekten den Pauschalvertrag über Planungsleistungen und fordert der Architekt entsprechend sein Honorar für die erbrachte Leistung, so muss auch er in der Schlussrechnung die erbrachten Teilleistungen aufzeigen und auf Basis der Honorarvereinbarung nach HOAI das anteilige Honorar ermitteln.[129]

Für die Abrechnung der erbrachten Leistung wird zudem zwischen dem Einheitspreis- und dem Pauschalpreisvertrag unterschieden. Hier müssen, wie eingangs dargestellt, jeweils verschiedene Berechnungen zur Differenzierung der erbrachten und noch nicht erbrachten Leistungen berücksichtigt werden. Während für einen Einheitspreisvertrag oder auch für einen Detail-Pauschalvertrag, das LV, die vertraglich zugrunde liegenden Einheitspreise und das Aufmaß entscheidend sind, werden mit Blick auf einen Global-Pauschalvertrag im Einzelfall verschiedene Abrechnungsgrundsätze berücksichtigt. Diese können sich auf eine Pauschalpreiszerlegung fokussieren und Abrechnung „von oben nach unten" bzw. „von unten nach oben", oder eine gewerkebezogene Abrechnungen erlauben. Im direkten Vergleich zum Einheitspreisvertrag lässt sich festhalten, dass bei einem Pauschalpreisvertrag der Detaillierungsgrad wie bei einem Einheitspreisvertag nicht grundsätzlich erforderlich ist. Jedoch muss der AG stets in der Lage sein die Abrechnung und die Vergütung zur überprüfen und sei es durch eine gewerkebezogene Abrechnung.[130]

Ein weiterer Fokus muss zudem auf die tatsächlich ersparten Aufwendungen gelegt werden, welche im Zuge mancher Kündigungsmöglichkeiten zu berücksichtigen sind. Zu den ersparten Aufwendungen gehören u.a. Materialkosten, Personalkosten oder Nachunternehmerkosten. Zu den ersparten Aufwendungen reiht sich weiterhin der anderweitige Erwerb ein, welcher ebenfalls für die nach Kündigung nicht mehr erbrachten Leistungen nachweislich darzulegen ist. Kündigungsklauseln, seien diese AG- oder AN-seitig gestellt, sind ein weiterer nicht zu vernachlässigender Aspekt hinsichtlich der Kündigungsabrechnungen. Diese Klauseln müssen dahingehend überprüft werden, ob sie die jeweiligen gesetzlichen Ansprüche beschränken. Wird dies mittels einer Klausel versucht, ist die Folge daraus, dass entsprechende Klauseln als unwirksam anzusehen sind.

Zusammenfassend lässt sich festhalten, dass sich die Abrechnung nach wirksamer Vertragsbeendigung nach dem jeweiligen Anlass der Kündigung richtet. Zur Veranschaulichung erfolgt in Tab. 6.1 eine Übersicht zu den Kündigungsarten sowie den entsprechenden Rechtsfolgen:

[129] Vgl. BGH, Urt. v. 13.01.2005 – VII ZR 353/03, IBRRS 2005, 1017.

[130] Vgl. OLG München, Urt. v. 06.12.2011 – 9 U 174/11, IBR 2012, 78.

Tab. 6.1 Übersicht zu Kündigungsarten und Rechtsfolgen

Regelung	Kündigungsart	Spezifikation	Abrechnung
VOB-Vertrag			
Kündigung durch den AG			
§ 8 Abs. 1 VOB/B	Freie bzw. ordentliche Kündigung	• Kündigung jederzeit möglich • Keine Angabe von Gründen notwendig	• Abrechnung vereinbarte Vergütung abzgl. ersparter Aufwendungen, anderweitiger Erwerb oder Unterlassen eines anderweitigen Erwerbs • Vermutung von 5 % Vergütung auf noch nicht erbrachte Leistungen
§ 8 Abs. 2 VOB/B	Kündigung aus wichtigem Grund	• Zahlungseinstellung des AN • Beantragung/Eröffnung Insolvenzverfahren • Eröffnung Insolvenzverfahren mangels Masse abgelehnt	• Abrechnung nach § 6 Abs. 5 VOB/B • Abrechnung der ausgeführten Leistungen nach Vertragspreisen, Vergütung von Kosten, die bereits entstanden sind, selbst wenn dies entsprechenden Leistungen noch ausstehen • Möglicher Schadensersatz für AG nach § 6 Abs. 6 VOB/B
§ 8 Abs. 3 VOB/B	Kündigung aus wichtigem Grund	• Verweigerung Mangelbeseitigung • Leistungsverzögerung/Verzug • Unberechtigte Übertragung an NU • Teilkündigung möglich • Fristsetzung/Kündigungsandrohung	• Abrechnung der erbrachten Leistungen • Vergütung für Ersatzvornahme durch Drittunternehmen • Möglicher Schadensersatz für AG nach § 6 Abs. 6 VOB/B • Übernahme von Mehrkosten des AG
§ 8 Abs. 4 Nr. 1, 2a VOB/B	Kündigung aus wichtigem Grund	• Vergabeabrede zur unzulässigen Wettbewerbsbeschränkung • Wesentliche Vertragsänderungen oder -verletzungen bzgl. EU-Vorgaben • Fristsetzung/Kündigungsandrohung	• Abrechnung nach § 8 Abs. 3 VOB/B • Abrechnung der erbrachten Leistungen • Vergütung für Ersatzvornahme durch Drittunternehmen • Möglicher Schadensersatz für AG nach § 6 Abs. 6 VOB/B • Übernahme von Mehrkosten des AG

(Fortsetzung)

Tab. 6.1 (Fortsetzung)

Regelung	Kündigungsart	Spezifikation	Abrechnung
§ 8 Abs. 4 Nr. 2b VOB/B	Kündigung aus wichtigem Grund	• Wesentliche Änderung des Vertrags • Feststellung schwere Verletzung der Verträge der EU sowie dessen Arbeitsweise durch den EuGh	• Abrechnung nach § 6 Abs 5 VOB/B • Abrechnung der ausgeführten Leistungen nach Vertragspreisen, Vergütung von Kosten, die bereits entstanden sind, selbst wenn diese entsprechenden Leistungen noch ausstehen
Kündigung durch den AN			
§ 9 VOB/B	Kündigung aus wichtigem Grund	• Annahmeverzug nach § 293 BGB • Schuldnerverzug • Fristsetzung/Kündigungsandrohung	• Abrechnung der bisherigen Leistungen nach den Vertragspreisen, • Möglicher Anspruch auf Entschädigung nach § 642 BGB
Kündigung durch den AG und den AN			
§ 6 Abs. 7 VOB/B	Kündigung nach dreimonatiger Unterbrechung	• Voraussetzung: mind. drei Monate Baustillstand oder vorab bereits Kenntnis über Stillstand von länger als drei Monaten	• Abrechnung nach § 6 Abs 5 VOB/B • Abrechnung der ausgeführten Leistungen nach Vertragspreisen, Vergütung von Kosten, die bereits entstanden sind, selbst wenn diese entsprechenden Leistungen noch ausstehen • Möglicher Schadensersatz für AG nach § 6 Abs. 6 VOB/B • Möglicher Anspruch auf Entschädigung nach § 642 BGB
BGB-Vertrag			
Kündigung durch den AG			
§ 648 BGB	Freie bzw. ordentliche Kündigung	• Kündigung jederzeit möglich • Keine Angabe von Gründen notwendig • Keine Fristsetzung erforderlich • In der Praxis eher selten	• Abrechnung vereinbarte Vergütung abzgl. ersparter Aufwendungen, anderweitiger Erwerb oder Unterlassen eines anderweitigen Erwerbs • Vermutung von 5 % Vergütung auf noch nicht erbrachte Leistungen

(Fortsetzung)

Tab. 6.1 (Fortsetzung)

Regelung	Kündigungsart	Spezifikation	Abrechnung
§ 649 BGB	Außerordentliche Kündigung / Kündigung nach Kostenvoranschlagüberschreitung	• Kostenüberschreitung von mind. 25 % • Anspruch gemäß § 645 Abs. 1 BGB	• Vergütung, die der erbrachten Leistung des AN entspricht • Ersatz der in Vergütung nicht inbegriffenen Auslagen
Kündigung durch den AN			
§ 643 BGB	Kündigung bei unterlassener Mitwirkung	• Voraussetzung: Annahmeverzug gemäß § 642 BGB • Leistungsaufforderung mit Fristsetzung • Anzeige Leistungsbereitschaft / Leistungsfähigkeit	• Anspruch gemäß § 645 Abs. 1 BGB • Vergütung, die der erbrachten Leistung des AN entspricht • Ersatz der in Vergütung nicht inbegriffenen Auslagen
§ 650f Abs. 5 BGB	Kündigung wegen fehlender Bauhandwerkssicherung	• Fristsetzung erforderlich (7-10 Tage) • Keine Anwendung bei öffentlichen AG	• Abrechnung vereinbarte Vergütung abzgl. ersparter Aufwendungen, anderweitiger Erwerb oder Unterlassen eines anderweitigen Erwerbs • Vermutung von 5 % Vergütung auf noch nicht erbrachte Leistungen
Kündigung durch den AG und den AN			
§ 648a BGB	Kündigung aus wichtigem Grund	• Pflichtverletzung: Fristsetzung erforderlich • Teilkündigung möglich • Gemeinsame Leistungsfeststellung vorgegeben • Fortsetzung des Vertrags unzumutbar • Anspruch auf Schadensersatz bleibt bestehen	• Abrechnung der erbrachten Leistungen • Möglicher Schadensersatz nach § 280 BGB

7 Schlussrechnungsstellung durch den Auftragnehmer

Sofern ein wirksamer Bauvertrag geschlossen wurde, ist der Werklohn des AN in § 631 Abs. 1 BGB gesetzlich abgesichert. Nach Fertigstellung der dem Werklohn gegenüberstehenden Werkleistung, kann der AN infolge der im weiteren Verlauf näher beschriebenen Voraussetzungen seinen Werklohnanspruch durchsetzen. Dazu muss er eine prüfbare Schlussrechnung erstellen. Wird der Bauvertrag jedoch vorzeitig beendet, wird die Werkleistung demnach nicht fertiggestellt. Dennoch hat der AN einen Anspruch auf eine Vergütung nach Kündigung, wozu eine Schlussrechnung weiterhin erforderlich ist. Von besonderer Bedeutung wird dabei, welche gleichen, anderen oder gar zusätzlichen Bedingungen nach der Kündigung an die Schlussrechnung gestellt werden müssen.

Für die Bewertung und Prüfung von Schlussrechnungen ist daher eine ganzheitliche Betrachtung der Schlussrechnung eine Grundvoraussetzung. Dadurch können Aussagen bzgl. der zeitlichen Komponente der Schlussrechnungsstellung, der erforderlichen Inhalte oder auch bzgl. der strukturellen Anforderungen getroffen werden. Eine wichtige Rolle spielt dabei darüber hinaus auch die Prüffähigkeit, die es dem AG ermöglichen soll, die Rechnung adäquat zu prüfen und zu bewerten. Um eine ganzheitliche Betrachtung zu ermöglichen, werden somit folgende Punkte in diesem Kapitel beleuchtet:

- Erläuterung des Begriffs Schlussrechnung und Einordnung in das Vertragsverhältnis von AN und AG
- Darstellung inhaltlicher Unterschiede von Einheits- und Pauschalpreisverträgen bzgl. der Schlussrechnung
- Identifikation erforderlicher Voraussetzungen zur Fälligkeit des Werklohns
- Analyse inhaltlicher und zeitlicher Faktoren zur Schlussrechnungsprüfung

© Der/die Autor(en), exklusiv lizenziert an Springer Fachmedien Wiesbaden GmbH, ein Teil von Springer Nature 2024

M. Linnemann et al., *Kündigungsvergütung von Bauverträgen*,
https://doi.org/10.1007/978-3-658-42892-1_7

- Gegenüberstellung verschiedener Kennzeichen einer prüffähigen Schlussrechnung auf Grundlage aktueller Rechtsprechung, Gesetzgebung und Fachliteratur
- Abschließende Zusammenfassung relevanter Kriterien zur Berücksichtigung im Zuge der Schlussrechnungsstellung nach Kündigung

Ein erster Schritt zur Beurteilung, welche Kriterien und Inhalte der Schlussrechnung für die Kündigungsvergütung relevant sind, ist die Entwicklung eines Bewusstseins für die einzelnen Arbeitsschritte von der Bedeutung der Schlussrechnung für die Vertragsparteien sowie die Aspekte, welche es dem AG ermöglichen eine Schlussrechnung abzuweisen. Als Kriterien der Schlussrechnungsstellung werden im Folgenden sämtliche relevanten Aspekte bezeichnet, welche es im Zuge der Stellung zu berücksichtigen gilt.

7.1 Bedeutung der Schlussrechnungsstellung für den Bauvertrag

Gemäß § 14 Abs. 1 Umsatzsteuergesetz (UstG) ist eine Rechnung *„jedes Dokument, mit dem über eine Lieferung oder sonstige Leistung abgerechnet wird, gleichgültig, wie dieses Dokument im Geschäftsverkehr bezeichnet wird"*. Ob die Schlussrechnung dabei als Schlussrechnung bezeichnet wird, ist nicht relevant, da allein der Inhalt zählt. Das bedeutet, *„in dieser Abrechnung ist die gesamte Vergütung einschließlich der vergütungsgleichen Ansprüche darzustellen und der Saldo, der sich durch Abzug der Voraus- und Abschlagszahlungen ergibt, zu ermitteln"*[1]. Dabei können außerdem mehrere Teilrechnungen zusammengefasst als eine sich ergebene Gesamtschlussrechnung eingereicht werden. Relevant ist die Darstellung der restlichen Vergütung des Bauvertrags als Summe und der Zweck dadurch, die vertragliche Leistung final abzurechnen.[2] Von weiterer Relevanz ist dabei, dass *„die Echtheit der Herkunft der Rechnung"* sowie *„die Unversehrtheit ihres Inhalts und ihre Lesbarkeit"*[3] gewährleistet sein müssen. Hieran erkennt man bereits die ersten Anforderungen, die an die Rechnungsstellung gestellt werden. Detaillierte Angaben zum Inhalt der Rechnung folgen im Absatz 4 und werden an entsprechender Stelle im Text näher erläutert.

Weiterhin besteht gemäß § 14 Abs. 2 S. 1 Nr. 1 UstG die Verpflichtung zur Rechnungsstellung nach Leistungsausführung *„für steuerpflichtige Werklieferung oder sonstige Leistungen im Zusammenhang mit einem Grundstück"*. Die Pflicht zur Rechnungsstellung ist zudem für den AG von wesentlicher Bedeutung, wird er erst dadurch in die Position versetzt, die Berechtigung der Forderungen für die erbrachten

---

[1] BGH, Urt. v. 15.04.2004 – VII ZR 471/01, IBRRS 2004, 1192.

[2] Vgl. KG, Urt. v. 09.06.2009–21 U 182/07, IBR 2009, 1347.

[3] § 14 Abs. 1 UstG.

Leistungen zu prüfen.[4] Diese Rechnungsstellungspflicht hat weiterhin den Zweck, der in der Praxis durchaus vorkommenden Schwarzarbeit entgegenzuwirken. Das Vorgehen „ohne – Rechnung" zu arbeiten führt dazu, dass sich ein Verdacht hinsichtlich der Durchführung von Schwarzarbeit ergeben könnte. Bestätigt sich solch ein Verdacht, hat der Gesetzgeber dafür vorgesorgt, dass die Vertragsparteien keinen Schutz vor rechtlichen Konsequenzen erwarten können. Sie bleiben „schutzlos" zurück. Im Detail bedeutet dies, dass der Vertrag infolgedessen als unwirksam angesehen, bzw. eine Gesamtnichtigkeit des Vertragsverhältnisses nach § 134 BGB angenommen wird. Damit stehen den Parteien im Falle einer bestätigten Schwarzarbeit, insbesondere im Zuge einer etwaigen Klage des AN auf Werklohn, keinerlei Ansprüche mehr zu bzw. können diese nicht mehr durchgesetzt werden.[5] Grundsätzlich hat der AG stets ein großes Interesse an der Schlussrechnungsstellung, da, regelmäßig erst im Zuge der Schlussrechnung ersichtlich wird, wie teuer sein Werk ist, bzw. welcher Gesamtpreis seinem Werk entgegensteht.

Vorgaben zur Schlussrechnungsstellung gemäß BGB und VOB

Die Ausgangspunkte zur Betrachtung der Schlussrechnung in den für den Bauvertrag relevanten Regelwerken finden sich im § 650 g Abs. 4 BGB sowie in den §§ 14 und 16 VOB/B. Die übergeordneten Vorgaben daraus betreffen u. a. den Nutzen und Zweck einer Schlussrechnung.

Der § 14 VOB/B beschäftigt sich mit der Thematik der Abrechnung eines VOB-Vertrags und führt direkt im ersten Absatz die Vorgabe auf, dass der AN seine Leistung prüfbar abzurechnen hat. Damit ist an dieser Stelle ein deutlicher Verweis auf die Schlussrechnungsstellung zu erkennen, die demnach ebenso im Anschluss an eine Kündigungserklärung zu erfolgen hat. Die generelle Erläuterung zur Leistungsabrechnung differenziert nicht, aus welchem Umstand heraus abzurechnen ist. Wird eine Schlussrechnung erstellt, ist es geboten, dass der AN diese Abrechnung schriftlich vornimmt. Seine Unterschrift zum Abschluss der Rechnung ist nicht erforderlich.[6]

Mit Blick auf den § 16 VOB/B stellt die Schlussrechnung die endgültige Abrechnung des Vertrags dar und verlangt, dass der AN erkennen lässt, dass diese Abrechnung alle vertraglichen Vergütungsforderungen beinhaltet. Durch die Aufstellung sämtlicher Vergütungsforderungen, soll der AG davon ausgehen können, dass keine weiteren Rechnungen folgen, und bezogen auf das gemeinsame Projekt, auch damit abschließend abgerechnet werden. Kommt es dennoch vor, dass Forderungen in der Schlussrechnung fehlen, obwohl sie hätten aufgelistet werden müssen, werden sie dadurch nicht hinfällig.

---

[4] Vgl. Kniffka et al., Teil 4 Rn 495a.

[5] Vgl. Bohn, Vorsitzende Richterin am OLG Hamm, Vortrag „Verfahrens- und Prozessführung (insb. Berufungsverfahren in Bausachen), Vorlesungsveranstaltung im Masterstudiengang Baurecht im Lebenszyklus von Bauwerken, FH Münster, 29.10.21, Lösungshinweis Fall Nr. 1, Folie 2 bis 6.

[6] Vgl. Voit, in Messerschmidt et al., VOB/B § 14 Abrechnung Rn 1–4.

Sie sind aus der Schlussrechnung nicht ausgeschlossen, werden jedoch bezogen auf die Verjährung so bewertet, als wären sie mit der Schlussrechnung fällig geworden.[7]

Verständlicherweise erwartet der AG nachdem der AN seine Schlussrechnung gestellt hat, dass keine weiteren Forderungen im Nachgang folgen. Nachdem der AN seine Schlussrechnung gestellt hat, soll er im Idealfall daran gebunden sein. Dem gegenüber steht die Intention des AN, *„sich die Möglichkeit offen zu halten, etwaige Fehler der Abrechnung später zu korrigieren."*[8] Liegt ein VOB-Bauvertrag zugrunde, besteht die Möglichkeit zur Anwendung des Schlusszahlungseinwands für den AG. Mit diesem Einwand wird jedoch vielmehr der Fokus auf die Zahlung, als auf die Rechnung selbst gelegt. Schließlich besteht keine gesetzliche Bindung des AN an seine Schlussrechnung, sofern er nicht dementgegen eine verbindliche rechtsgeschäftliche Erklärung zu einer Schlussrechnungsbindung und dem Verzicht weiterer Forderungen abgibt.[9]

Neben der Schlussrechnung kann zudem gemäß BGB eine Teilschlussrechnung vorgelegt werden. Diese dient dann entsprechend als finale Schlussrechnung für einen in sich abgeschlossenen Teil der vertraglichen Gesamtleistung.[10] Diese Form der Schlussrechnung kommt in der VOB/B jedoch nicht vor. Lediglich der § 12 Abs. 2 VOB/B nimmt Bezug auf einen *„in sich abgeschlossenen Teil der Leistung"* und bietet dafür auf Verlangen die isolierte Abnahme an. Daneben findet sich im neuen Bauvertragsrecht im Architekten- und Ingenieurvertag in § 650 s die festgeschriebene Teilabnahme. Dabei kann nach der *„Abnahme der letzten Leistung des bauausführenden Unternehmers oder der bauausführenden Unternehmer eine Teilabnahme der von ihm bis dahin erbrachten Leistungen"* verlangt werden.

Weiterhin findet sich dazu im § 641 Abs. 1 S. 2 BGB eine für Leistungsteile bestimmte Vergütung nach Abnahme dieser Teilleistungen unter entsprechenden Voraussetzungen, bezogen auf die §§ 631 und 632 BGB. Bedingungen für die Teilschlussrechnung sind einerseits die Vereinbarung und Durchführung der Teilabnahme sowie andererseits die Bestimmtheit der Vergütung der Teilleistungen.[11]

Zeitpunkt der Schlussrechnungsstellung

Die Schlussrechnungsstellung ist eine vertragliche Nebenpflicht des AN, deren Zeitpunkt in der VOB/B verankert ist. Diese vertragliche Nebenpflicht ist infolgedessen einklagbar und eine Verletzung dieser Nebenpflicht kann zu einem Anspruch auf Schadensersatz gemäß der §§ 280, 286 BGB führen.[12] In § 14 Abs. 3 VOB/B wird festgehalten,

---

[7] Vgl. Voit, in Messerschmidt et al., VOB/B § 16 Zahlung, Rn 16.

[8] Börgers, in Würfele et al., Kap. 6, Rn 807.

[9] Vgl. Börgers, in Würfele et al., Kap. 6, Rn 808–809.

[10] Vgl. Kniffka et al., Teil 11 Rn 592.

[11] Vgl. Börgers, in Würfele et al., Kap. 6, Rn 832–837.

[12] Vgl. Rast, Vortrag „Prüfbarkeit der Schlussrechnung", 55. Baurechtstag in Leipzig, 6.–7. März 2020, Folie 5.

dass die Schlussrechnung nach Fertigstellung der Werkleistung zu erfolgen hat. Dabei wird die Fertigstellung der Leistung als Voraussetzung angegeben. Zum Kündigungszeitpunkt wird zwischen den Vertragsparteien jedoch keine Fertigstellung des Werks mehr angestrebt, dennoch ist diese Vorgabe ebenso auf eine erbrachte Leistung nach Kündigung zu übertragen. Eine separate Regelung für den Kündigungsfall findet sich dort nicht.[13]

Analog dazu erfolgt gemäß § 13 Abs 1 VOB/B sowie § 14 Abs. 1, 2 VOB/B die Abnahme nach Fertigstellung der Leistung als Erfordernis zur Vergütungsabrechnung. Im Vergleich dazu benennt der § 650 g Abs. 4 Nr. 1 und 2 BGB die Vergütung als Rechtsfolge aus der Abnahme. Im Detail heißt es hier in.

§ 650 g Abs. 4 BGB *„die Vergütung ist zu entrichten, wenn 1. Der Besteller das Werk abgenommen hat oder die Abnahme nach § 641 Abs. 1 entbehrlich ist und 2. Der Unternehmer dem Besteller eine prüffähige Schlussrechnung erteilt hat.“* Damit ist die Abnahme neben der prüfbaren Schlussrechnung Voraussetzung für die Vergütung. Ist die Werkleistung fertiggestellt, kann der AN alsbald die Abnahme verlangen und die Schlussrechnung erstellen.[14] Eine differenziertere Betrachtung der Zusammenhänge wird noch im Folgenden vorgenommen zur Fälligkeit der Schlussrechnung vorgenommen.

Ein entsprechender allgemeiner Zeitrahmen für die Stellung von Rechnungen wird im.

§ 14 Abs. 2 Nr. 1, 2 UstG mit sechs Monaten nach Leistungsausführung benannt. Diese Regelung trifft demnach analog auf die Stellung von Schlussrechnung im Zuge von Bauverträgen zu, was primär durch den Verweis auf die Zeitangabe nach Leistungsausführung angezeigt wird. Die Vertragserfüllung bzw. die Leistungsfertigstellung wird dabei durch die Abnahme der Leistung erreicht.[15] In § 14 Abs. 3 VOB/B wird eine differenziertere Betrachtung vorgenommen, wonach die Schlussrechnungsstellung erfolgen muss bei *„Leistungen mit einer vertraglichen Ausführungsfrist von höchstens 2 Monaten spätestens 12 Werktage nach Fertigstellung eingereicht werden, wenn nichts anderes vereinbart ist; diese Frist wird um je 6 Werktage für je 3 Monate Ausführungsfrist verlängert“*. Das heißt, die Frist beginnt mit der Fertigstellung des Werks, bzw. mit dem Zugang der Fertigstellungsanzeige oder beispielsweise mit der Baustellenräumung. Im Falle einer Kündigung des Vertrags wird von den Regelungen des.

§ 14 Abs. 3 VOB/B abgewichen und der Zeitpunkt des Zugangs der schriftlichen Kündigung wird entscheidend. Daneben beschreibt der § 8 Abs. 7 VOB/B im Zuge der Kündigung durch den AG den Zeitpunkt zur Schlussrechnungsstellung mit *„unverzüglich“*.[16]

---

[13] Vgl. Börgers, in Würfele et al., Kap. 6, Rn 796–800.

[14] Vgl. § 641 BGB, § 650 g Abs. 4 BGB.

[15] Vgl. Börgers, in Würfele et al., Kap. 9 Rn 1163–1165.

[16] Kandel, in Nicklisch/Weick/Jansen/Seibel, VOB/B 5. Auflage, VOB/B § 14 Abrechnung, Rn 105.

Fehlende Schlussrechnungsstellung
Kommt der AN einer Abrechnung im angegebenen Zeitfenster nicht nach, ist der AG gemäß § 14 Abs. 4 VOB/B berechtigt nach einer weiteren Fristsetzung selbst abzurechnen. Die Kosten für die AG-seitige Abrechnung kann dem AN anschließend in Rechnung gestellt werden. Eine Klage auf Abrechnung ist zudem nicht ausgeschlossen.[17] Dennoch besteht gemäß des BGH-Urteils aus dem Jahr 1999 keine Pflicht für den AG, eine eigene prüffähige Schlussrechnung zu erstellen.[18] Kommt er jedoch seinem Recht aus dem § 14 Abs. 4 VOB/B nach, sind die Leistungen basierend auf seiner fachlichen Kompetenz sowie dem gemeinsamen Vertrag abzurechnen.[19] Die Fälligkeit tritt alsdann mit Zugang der Schlussrechnung beim AN ein.[20] Ist es dem AG nicht möglich eine Rechnung zu erstellen, will er dennoch stets vermeiden, dass sich aus dem Fehlen bzw. dem Unterlassen der Schlussrechnungsstellung negative Konsequenzen für ihn ergeben. So könnte er trotz fehlender Rechnung in Verzug geraten, wodurch möglicherweise Verzugszinsen sowie Fälligkeitszinsen durch ihn zu zahlen sind. Eine entsprechende Regelung wie im § 14 Abs. 4 VOB/B findet sich für einen BGB-Bauvertrag nicht. Durch diese Lücke könnte der AN durch das Unterlassen der Schlussrechnungsstellung über die Fälligkeit und den Verjährungsbeginn bestimmen.[21]

7.2 Inhaltliche Aufschlüsselung der Schlussrechnung

Im Zuge der Vergütungsabrechnung ist zwischen der Abrechnung eines Einheitspreis- und eines Pauschalpreisvertrags zu unterscheiden. Beide Vertragstypen erfordern teils identische, jedoch auch teils unterschiedliche inhaltliche Abgaben in der Schlussrechnung. An dieser Stelle werden Positionen der Schlussrechnung im Einzelnen dargestellt und in den Kontext der Vollständigkeit einer Schlussrechnung gesetzt.

7.2.1 Unterschiede eines Einheits- und Pauschalpreisvertrags

Einheitspreisvertrag
Wie in Kap. 6 erläutert, sind bei einem Einheitspreisvertrag die Einheitspreise durch Positionen im Leistungsverzeichnis (LV) gegeben. In der Schlussrechnung sind demnach stets die vertraglich vereinbarten Einheitspreise zu verwenden.[22] Für die Abrechnung

---

[17] Vgl. Kniffka et al., Teil 4 Rn 536.

[18] Vgl. BGH, Urt. v. 11.02.1999 – VII ZR 399/97, IBRRS 2000, 0705.

[19] Vgl. BGH, Urt, v. 08.11.2001 – VII ZR 480/00, IBRRS 2022, 0048.

[20] Vgl. Voit, in Messerschmidt et al., VOB/B § 14 Abrechnung Rn 13.

[21] Vgl. Börgers, in Würfele et al., Kap. 6 Rn 764.

[22] Vgl. Kniffka et al., Teil 4 Rn 506.

im Zuge der Schlussrechnung finden sich keine besonderen Vorgaben. Die Abrechnung erfolgt nach den einzelnen Positionen in der Reihenfolge des LV als Rechnungsposten. Dies dient dazu, dass der Abgleich des LV mit der Abrechnung übersichtlich erfolgen kann. Das bedeutet, dass die IST-Menge mit dem vertraglichen Einheitspreis multipliziert wird und den jeweiligen Gesamtpreis der Position ergibt. Der Saldo ergibt sich dann aus der Summe der Einheitspreise, von denen beispielsweise noch Abschlagszahlen abgezogen werden.

Von besonderer Relevanz ist folglich das Aufmaß für die Abrechnung eines Einheitspreisvertrags, da wie bereits dargestellt, der tatsächliche Umfang der erbrachten Teilleistungen dadurch dargestellt werden kann.[23] Ohne das Aufmaß kann keine korrekte Abrechnung erfolgen. *„Das Aufmaß muss aus sich heraus verständlich sein. Aufmaße, die den einzelnen Leistungen nicht zuzuordnen sind, erfüllen ihre Funktion nicht."*[24] Weitere Erläuterungen zum Aufmaß werden an dieser Stelle nicht wiederholt, es wird jedoch explizit auf die Inhalte des Kap. 6 hingewiesen. Die Regelungen zur Abrechnung gemäß § 14 Abs. 1 VOB/B selbst, beschreiben eine Abrechnung exemplarisch auf Grundlage eines Einheitspreisvertrags und formulieren erforderliche Rahmenbedingungen.

Pauschalpreisvertrag

Für einen Pauschalpreisvertrag dagegen wir ein anderes Vorgehen gewählt. Sofern keine Veränderungen der vertraglichen Vereinbarung eine detaillierte Abrechnung erfordert, wird die vereinbarte Vergütung in der Schlussrechnung ausgewiesen.[25] Im Zuge der Abrechnung nach Kündigung ist das korrekt gewählte Vorgehen entscheidend. Besteht der Fall, dass eine neue Pauschale aufgrund von Nachtragsabrechnungen gebildet werden muss, ist dieses Vorgehen genau zu dokumentieren.[26] Unabhängig davon gelten, wie für den Einheitspreisvertrag, auch hier die Anforderungen aus § 650 g Abs. 4 S. 2 BGB bzw. § 14 VOB/B. Weiterhin müssen gemäß gängiger Rechtsprechung zu Pauschalpreisverträgen für die inhaltliche Vollständigkeit Abschlagsrech nungenAbschlagrechnungen gesondert aufgeführt werden. Zu unterscheiden sind dabei bereits getätigte Abschlagszahlungen und Zahlungen, die aufgrund der Kündigung nicht mehr fällig werden.[27] Dabei werden sie jedoch lediglich als *„Rechnungsposten, die nicht auf einzelne Leistungspositionen des Vertrags bezogen werden können"*[28] bezeichnet. Sie haben nicht den Charakter einer Schlussrechnung und können diese folglich als

[23] Vgl. OLG Brandenburg, Urt. v. 17.01.2019–12 U 116/18, IBR 2019, 182.

[24] Kniffka et al., Teil 10 Rn 619.

[25] Vgl. Voit, in Messerschmidt et al., VOB/B § 16 Abrechnung Rn 3.

[26] Vgl. Kniffka et al., Teil 4 Rn 375.

[27] Vgl. Kniffka et al., Teil 10 Rn 619.

[28] BGH, Urt. v. 09.01.1997 – VII ZR 69/69, IBRRS 2000, 0530.

abschließende Schlussrechnung nicht ersetzen.[29] Die Abschlagsrechnungen werden im § 16 Abs. 1 VOB/B sowie im § 632a Abs. 1 VOB/B geregelt und erläutert. Vorab ist dazu eine Vereinbarung im Vertrag notwendig und idealerweise ein Zahlungsplan aufzustellen, welcher später für die Prüfung der Schlussrechnung von Bedeutung ist. Durch einen Zahlungsplan können bereits getätigte Zahlungen in der Schlussrechnung übersichtlich dargestellt werden. Liegt ein Zahlungsplan nicht vor, wird es im Nachhinein kompliziert Zahlungsströme zu rekapitulieren. Je übersichtlicher die Aufstellung erfolgt, desto seltener werden spätere Nachweise erforderlich. Der AN kann sich zudem nicht darauf verlassen, erhaltene Abschlagszahlungen behalten zu können.[30] Wie in Kap. 6 erläutert, muss er den berechtigten Einbehalt nachweisen und trägt dafür die Beweislast. Kommt er dem nicht nach, stünde dem AG das Recht zu, die Rückzahlung einzuklagen. Erstellt der AN keine Schlussrechnung, kann durch den AG, basierend auf seinem Kenntnisstand, eine entsprechende Abrechnung erfolgen. In dieser Abrechnung werden dann die erbrachten Leistungen gemäß Vertrag berücksichtigt und bewertet. Besteht ein Anspruch daraus, begrenzt sich dieser auf sichtbare Überzahlungen.[31] Grundsätzlich hat der AG *„einen vertraglichen Anspruch auf Auszahlung des Überschusses"*[32], sofern die Summe der Abschlagszahlungen die vereinbarte Gesamtvergütung überschreitet. Die Verjährung spielt ebenfalls eine Rolle für die Abschlagsforderung, welche etwa selbstständig verjährt. Entsprechende Beträge aus verjährten Forderungen kann der AN weiterhin in der Schlussrechnung geltend machen.[33] Von den Abschlagszahlungen sind die Vorauszahlungen abzugrenzen. Im Gegensatz zu den Abschlagszahlungen, welche dem Wert der Werkleistung entsprechen, erfolgt eine Vorauszahlung als *„Anzahlung auf zukünftige noch zu erbringende Bauleistungen"*[34] und stellt eine Vorleistungspflicht des AN dar. Hierbei besteht für den AG das Risiko, dass der AN eine der geforderten Leistung entsprechende Vorauszahlung erhält, diese Leistung jedoch nicht erbringt. Für die Vereinbarung solcher Vorauszahlungen besteht deshalb die Möglichkeit sich für solche Problemfälle durch eine Vorauszahlungsbürgschaft gemäß § 16 Abs. 2 Nr. 1 S. 1 VOB/B abzusichern. Gesichert werden dabei die Rückzahlungsansprüche des AG.[35] Wurden im Laufe der Ausführung Vorauszahlungen getätigt, werden diese ähnlich den Abschlagszahlungen gesondert ausgewiesen.

Im Gegensatz zur VOB/B und dem UstG finden sich im BGB mit Blick auf den Bauvertrag keine gesetzlichen Vorgaben zu den notwendigen Inhalten der Schlussrechnung. Dies hat den Hintergrund, dass die Anforderungen an die Inhalte der Schlussrechnung

[29] Vgl. Börgers, in Würfele et al., Kap. 6, Rn 790–791.

[30] Vgl. Börgers, in Würfele et al.,, Kap. 6, Rn 793.

[31] Vgl. Kniffka et al. Teil 8 Rn 43.

[32] BGH, Urt. v. 11.02.1999 – VII ZR 399/97, IBRRS 2000, 0705.

[33] Vgl. Kniffka et al., Teil 4 Rn 660.

[34] Börgers, in Würfele et al., Kap. 3, Rn 378.

[35] Vgl. Börgers, in Würfele et al., Kap. 10, Rn 1197.

immer wieder nach Art und Umfang des Bauauftrags variieren können.[36] Der § 14 Abs 1 VOB/B wird hier genauer und regelt dazu, dass die Rechnung inhaltlich übersichtlich aufzustellen und die Reihenfolge der Posten einzuhalten ist. Ferner sind die im Vertrag genutzten Bezeichnungen zu verwenden. Aufgezählt werden anschließend Nachweise wie Mengenberechnungen, Belege und Zeichnungen für die Charakterisierung der Leistung. Abhängig von der Erforderlichkeit für die anstehende Prüfung der Abrechnung durch den AG wird festgelegt, welche Nachweise einzureichen sind. Liegt eine Schlussrechnung zu einem Selbstkostenerstattungsvertrag vor, sind die Nachweise zu den Selbstkosten unabdingbar.

Sind Leistungen völlig unstrittig oder aus anderen Quellen zu beziehen und besteht die Offenkundigkeit beim AG, kann dieser sich nicht auf das Fehlen nach Treu und Glauben berufen.[37] Ein Fokus sollte stets auf den Abrechnungsbestimmungen liegen, die dem jeweiligen Vertrag zugrunde liegen. Beispielsweise sind die entsprechenden Bestimmungen der VOB/C lediglich maßgebend, sofern sie zwischen den Parteien vereinbart wurden. Eine Maßgabe daraus ist deshalb, zu prüfen, ob neben der VOB/C andere vorrangige Vergütungsabreden getroffen wurden.[38]

7.2.2 Gemeinsamkeiten eines Einheits- und Pauschalpreisvertrags

Neben der Aufstellung der gesamten Vergütung müssen weitere Positionen berücksichtigt werden. Inhaltliche Anforderungen ergeben sich aus dem § 14 Abs. 4 UstG. Die Rechnung soll demnach u. a. den Namen sowie die Adresse des AG und des AN, das Datum der Rechnungsstellung, die Steuernummer des AN, die Rechnungsnummer, Umfang bzw. Art der Leistung sowie den Leistungszeitpunkt, Minderung und das aufgeschlüsselte Entgelt beinhalten. Das Datum hat dabei besondere Relevanz für die Fälligkeit der Schlussrechnung oder für den Zeitraum, welcher dem AG zur Prüfung zur Verfügung steht.

Nachträge

Liegen Änderungen oder Ergänzungen bzgl. des Vertrags vor, welche im Hinblick auf die Vergütung Auswirkungen haben, sind diese gemäß § 14 Abs. 1 VOB/B besonders kenntlich zu machen, d. h. vom Vertrag abzugrenzen und gesondert abrechnen.[39] Für Änderungen der Menge, die sich im Einheitspreisvertrag noch innerhalb des § 2 Abs. 3 VOB/B zur Vergütung befinden, entfällt eine explizite Kenntlichmachung. Verlangt der AG dazu eine getrennte Abrechnung ist dem zu folgen, wobei hier Fälligkeit und

[36] Vgl. Kniffka et al., Teil 4 Rn 496.

[37] Vgl. Kniffka et al., Teil 4 Rn 543.

[38] Vgl. Voit, in Beck'scher VOB-Kommentar, Teil B 3. Auflage, VOB/B § 14 Abs. 2, Rn 54–77.

[39] Vgl. OLG Oldenburg, Urt.v. 30.09.2014–2 U 113/13, BeckRS 2014, 122.483.

Verjährung gesondert behandelt werden.[40] Zu geänderten oder zusätzlichen Leistungen kann eine gesonderte Ordnungsnummer im Einheitspreisvertrag vergeben werden. Das Kenntlichmachen der Leistung, dient dazu, dass dem AG ersichtlich wird, wie diese Leistungen abgerechnet werden, und dass sie nicht Gegenstand des Ursprungsauftrags waren. Ohne weitere Kennzeichnung ist der AG nur erschwert im Stande, die Abrechnung dieser Nachträge nachzuvollziehen. Dem Grunde und der Höhe nach muss die Nachtragsabrechnung inhaltlich stimmig sein. Wurden Nachtragsvereinbarungen vor der Leistungsausführung getroffen, genügt der Verweis darauf. Auch im Zuge von Pauschalpreisverträgen können Nachträge vorliegen. Hierbei sind die entsprechenden Regelungen aus dem § 2 Abs. 7 VOB/B sowie aktuelle Rechtsprechungen zu berücksichtigen, und analog zu den Nachträgen aus Einheitspreisverträgen ist eine separate Aufstellung zu wählen. Im BGB-Bauvertrag findet sich keine Differenzierung zwischen der geänderten und der zusätzlichen Leistung. Ausschlaggebend ist hier die Definition der Leistung hinsichtlich ihrer Notwendigkeit. Eine gesonderte Darstellung wird auch dafür empfohlen.[41]

Ansprüche aus Bauzeitverlängerungen

Kam es infolge der Baumaßnahme zu Störungen im Bauablauf, können sich daraus Ansprüche des AN ergeben. Infolgedessen müssen Mehrkosten aus einer Bauzeitverlängerung ebenfalls in der Schlussrechnung gesondert kenntlich gemacht werden. Werden erstmalig mit Schlussrechnungsstellung Ansprüche aus Bauzeitverlängerungen angemeldet, ist eine vertiefte Bewertung erforderlich. Möglicherweise steht dazu eine grundsätzliche Prüfung hinsichtlich eines Anspruches „dem Grunde" nach im Raum.

Stundenlohnarbeiten

Stundenlohnarbeiten werden nur in der VOB/B thematisiert und finden sich in einer derartigen Form nicht im BGB wieder. Im BGB gelten weiterhin die allgemeinen Regelungen nach §§ 631 sowie 650a ff. BGB. Sofern der AN Stundenlohnarbeiten in Rechnung stellen darf, d. h. sofern diese gemäß § 2 Abs. 10 VOB/B vereinbart wurden, wird in § 15 VOB/B geregelt, dass diese auf Basis von Stundenzetteln erfolgen. Die erbrachten Arbeitsstunden sowie u. a. besonders zu vergütender Aufwand für den Verbrauch von Stoffen sind in den Stundenzetteln aufzuführen. Die Nennung des Mitarbeiters und die jeweilige Unterscheidung hinsichtlich der Berufsbezeichnung wie Polier, Fach- oder Hilfskraft, ist für die Berücksichtigung mit unterschiedlichen Stundenlöhnen relevant.[42] Auch die Angaben zum Inhalt der Tätigkeit selbst finden sich in den Stundenzetteln. Weiterhin muss die genaue Bezeichnung der Baustelle vermerkt sein. Erfolgte keine Vereinbarung zur Vergütung von Stundenlohnarbeiten, werden diese nach

[40] Vgl. Voit, in Messerschmidt et al., VOB/B § 14 Abrechnung Rn 5–7.

[41] Vgl. Börgers, in Würfele et al., Kap. 6, Rn 804–805.

[42] Vgl. Kniffka et al., Teil 4 Rn 508–510a.

den Regelungen der VOB/B nicht vergütet und es folgt ggf. die Abrechnung nach den Einheitspreisen.[43]

Einbehalte/Vertragliche Abzüge

Weiterhin müssen Einbehalte in der Schlussrechnung berücksichtigt und von der Gesamtsumme netto abgezogen werden.[44] Zwar gilt die Regelung in § 16 Abs. 1 Nr. 2 VOB/B primär für Abschlagszahlungen, jedoch sind die häufigsten Arten der Einbehalte ebenfalls für die Schlussrechnung relevant und das gleichermaßen für den VOB – wie auch den BGB-Vertrag. Einbehalte können sich aus dem Vertrag ergeben und sind beispielsweise Nachlässe oder Skonti. Dabei werden diese explizit vereinbart und unterliegen als Vereinbarung in den AGB der Inhaltskontrolle, da sie als Preisabreden behandelt werden. Sie sind unwirksam, sofern keine ausreichende Transparenz erkennbar ist.[45] Bei Nachlässen ist es entscheidend, worauf sie anfallen. Sie können auf Einzelkosten oder auf alle Positionen gewährt werden. Werden sie auf alle Positionen gewährt ist anzunehmen, *„dass sich der Nachlass kalkulatorisch bei den Allgemeinen Geschäftskosten oder dem Gewinn auswirkt."*[46] Sie werden demnach auch auf Nachträge gewährt. Bei einer Einzelkostenberücksichtigung dementsprechend nur, sofern diese nachträglich beauftragt wird.[47]

Vereinbarungen, ob Skonti tatsächlich auch in Schlussrechnungen und nicht nur in Abschlagszahlungen berücksichtigt werden, müssen infolge der Vertragsauslegung ermittelt werden. Die Voraussetzung eines korrekten Skontoabzugs ist zudem die Vereinbarung einer Frist, welche strikt einzuhalten ist.[48]

Umlagen sind ein weiterer Einbehalt bzw. in Abzug zu bringende Posten und beschreiben Baukosten für Strom oder auch Wasser. Auch sie unterliegen der Inhaltskontrolle nach § 307 ff. BGB, sofern keine individuelle Preisvereinbarung vorliegt und sie in den AGB erwähnt werden.[49]

Sicherheitseinbehalte oder auch Einbehalte aus Gegenansprüchen schließen die Aufzählung ab. Bezüglich der Gegenansprüche kann dabei der Mängeleinbehalt herausgestellt werden.[50]

---

[43] Vgl. Börgers, in Würfele et al., Kap. 6, Rn 794–795.

[44] Vgl. Kniffka et al., Teil 4 Rn 516.

[45] Vgl. Kniffka et al., Teil 4 Rn 517 ff.

[46] Kniffka et al., Teil 4 Rn 517.

[47] Vgl. Kniffka et al., Teil 4 Rn 517.

[48] Vgl. Kniffka et al., Teil 4 Rn 519–522.

[49] Vgl. Kniffka et al. Teil 4 Rn 524.

[50] Vgl. Börgers, in Würfele et al., Kap. 6, Rn 863–865.

Mehrwertsteuer

Als sonstiger Rechnungsbestandteil wird am Ende der Schlussrechnung die Mehrwertsteuer ausgewiesen, sofern dafür eine Verpflichtung des AN besteht.[51] Es ist dabei der Steuersatz anzusetzen, welcher *„zum Zeitpunkt des Bewirkens der Leistung gilt."*[52]Ist sie nicht vermerkt kann der AG die Zahlung zurückhalten.[53] Die Mehrwertsteuer wird jedoch nicht auf die noch nicht erbrachte Leistung berechnet und ist auch gemäß dem Urteil des OLG Frankfurt *„nur dann geschuldet, sofern sie auch auf den Bauvertrag anfällt"*.[54],[55] Auf Verzugszinsen gemäß § 288 BGB infolge einer ausbleibenden Zahlung wird keine Mehrwertsteuer erhoben.[56] Zu berücksichtigen ist zudem, dass im Zuge der COVID-19-Pandemie die Mehrwertsteuer für einen befristeten Zeitraum vom 01.07.2020 bis zum 31.12.2020 gesenkt wurde. Demnach sank die reguläre Mehrwertsteuer von 19 % auf nunmehr 16 %. Betroffen sind dabei neben der Schlussrechnung bereits gestellte und abgerechnete Abschlagsrechnungen in den Zeitraumen vor dem 01.07.2020, während der gesunkenen Sätze und auch danach. Relevant ist dabei der Zeitraum der Fertigstellung der Maßnahme, wonach im Zuge der Schlussrechnungsstellung etwaige Korrekturen hinsichtlich einer Mehr-/ oder Minderzahlung erfolgen müssen.

Verzugszinsen

Nach § 16 Abs. 5 Nr. 3 VOB/B steht dem AN im Falle einer Nicht-Zahlung des AG trotz Fälligkeit der Schlussrechnung ein Anspruch auf Zinsen zu. Voraussetzung ist hierbei in der Regel die Setzung einer angemessenen Nachfrist durch den AN. Verstreicht die Nachfrist fruchtlos kann der Anspruch auf Zinsen gemäß § 288 Abs. 2 BGB formuliert werden.[57] Eine Nachfrist muss nicht gesetzt werden, wenn es um eine Vergütungsforderung zwischen zwei Unternehmern geht, da insoweit dieselben Wirkungen 30 Tage nach Zugang der Rechnung beim AG eintreten. Der Zinssatz beträgt für Geschäfte, an denen Verbraucher nicht beteiligt sind 9 Prozentpunkte über dem Basiszinssatz, der seit dem 01.07.2023 auf 3,12 % festgelegt wurde. Das entspricht also einem Zinssatz von 12,12 %. Bei Geschäften mit Verbrauchern beträgt der Zinssatz 5 Prozentpunkte über dem Basiszinssatz, was insgesamt einen Wert von 8,12 % entspricht. Auch diese Verzugszinsen sind in der Schlussrechnung gesondert auszuweisen und abzurechnen.[58] Der AN mag hier sensibilisiert sein, dass Verzugszinsen auch aus vorangegangenen

---

[51] Vgl. Kniffka et al., Teil 4 Rn 530.

[52] Vergabe- und Vertragshandbuch für die Baumaßnahmen des Bundes (VHB), Ausgabe 2017, Formblatt 400, S. 8.

[53] Vgl. Kniffka et al., Teil 4 Rn 530.

[54] BGH, Urt. v. 08.07.1999 – VII ZR 237/98, IBRRS 2000, 0742.

[55] OLG Frankfurt, Urt. v. 02.04.2020–22 U 24/19, IBRRS 2021, 454.

[56] Vgl. Kniffka et al., Teil 4 Rn 88.

[57] Vgl. Kniffka et al., Teil 4 Rn 96 ff.

[58] https://basiszinssatz.de (zuletzt abgerufen am 02.08.2023).

Abschlagszahlungen beansprucht werden können, diese aber einer gesonderten Verjährung unterliegen.

Vertragsstrafe
Für die Vereinbarung einer Vertragsstrafe werden im § 11 VOB/B in Verbindung mit den §§ 339 bis 345 BGB Vorgaben aufgestellt. Wird sie vereinbart, hat sie die Aufgabe im Zuge der Ausführung Ansprüchen der Vertragsparteien abzusichern. Ein Grund für die Vereinbarung ist demnach, dass der AG vertraglich sichern will, dass eine AN-seitige Leistung fristgerecht erfüllt. Die Frist kann dabei für die Vollendung der Leistung oder auch als Zwischenfrist gesetzt werden.[59] Für die Wirksamkeit von Vertragsstrafen sind eindeutige Vorgaben formuliert, das bedeutet beispielsweise, dass gemäß § 11 Abs. 2 VOB/B eine vertraglich vereinbarte Frist erforderlich ist. Diese Frist ist an eine vorgegebene Leistung gekoppelt, die es in der vereinbarten Zeit zu erbringen gilt. Voraussetzungen für die Wirksamkeit der Vertragsstrafe sind die Überschreitung der Frist, das Verschulden des AN gemäß § 11 Abs. 2 VOB/B und die angemessene Höhe, welche mit 0,3 % der Auftragssumme pro Werktag gewertet wird.[60] Eine Obergrenze wird weiterhin durch den BGH von 5 % formuliert.[61] Für die Schlussrechnung spielt die Vertragsstrafe dahingehend eine Rolle, als das sie noch *„im Zusammenhang mit der Schlussrechnung geltend gemacht werden“*[62] kann und dabei von der Vergütungsforderung abgezogen wird.[63]

Unabhängig von allen benannten Inhalten einer Schlussrechnung, liegt die Gemeinsamkeit darin, dass für angegeben Beträge entsprechende Nachweise beizulegen sind, auf deren Basis der AG eine Prüfung durchführen kann. Das betrifft bzgl. der Abschlagszahlungen die Vorlage des Zahlungsplans nebst einzelner Abschlagsrechnungen, Stundenzettel für Stundenlohnarbeiten oder Nachtragsrechnungen. Weitere Unterlagen beispielsweise die Abnahmebescheinigungen, können ebenfalls der Schlussrechnung beiliegen, sofern sie für die Prüfung und Bewertung der Schlussrechnung erforderlich sind. Hier ist im Einzelfall die Notwendigkeit zu prüfen.

7.3 Fälligkeit des Werklohns

Abnahme
Zur Fälligkeit der Vergütung findet sich im § 641 Abs. 1 BGB der Verweis, dass die Vergütung *„bei der Abnahme des Werkes zu entrichten“* ist. Die Abnahme oder das

[59] Vgl. Jurgeleit in Kniffka et al., Teil 6 Rn 111.

[60] Vgl. Jurgeleit in Kniffka et al., Teil 6 Rn 122–139.

[61] Vgl. BGH, Urt. v. 23.01.2003 – VII ZR 210/01, IBRRS 2003, 1091.

[62] BGH, Beschl. v. 13.07.2000 – VII ZR 249/99 (Dresden), NJW-RR 2000, 1468.

[63] Vgl. BGH, Beschl. v. 13.07.2000 – VII ZR 249/99 (Dresden), NJW-RR 2000, 1468.

Abnahmeverlangen sind damit Fälligkeitsvoraussetzungen. Im neuen Bauvertragsrecht wird zudem in § 650 g Abs. 4 BGB auf diese Abfolge Bezug genommen und auf den § 641 BGB verwiesen. Diese Voraussetzungen gelten gleichermaßen für den Einheits- sowie Pauschalpreisvertrag.[64] Eine gleichartige Regelung wie nach § 641 Abs. 1 BGB, unter welchen Voraussetzungen der AN gemäß der VOB/B zur Schlussrechnungsstellung befugt ist, findet sich dagegen nicht. Lediglich der § 14 VOB/B, mit Vorgaben zur Anfertigung einer prüffähigen Schlussrechnung, sowie der § 16 VOB/B mit Regelungen zur Schlusszahlungen sind dort zu finden. Aufgrund dessen erfolgt die Maßgabe der Schlussrechnungsstellung durch den AN nach der Abnahme gleichermaßen für den BGB- sowie VOB-Vertrag infolge des Rückgriffs auf den § 641 Abs. 1 S. 1 BGB.

Ein älterer Leitsatz des BGH aus dem Jahr 1986 gibt vor, dass nach der Kündigung eines VOB-Vertrages die Abnahme des nicht fertig gestellten Werks keine Fälligkeitsvoraussetzung ist, jedoch die Erteilung der Schlussrechnung nach § 16 Abs. 3 VOB/B.[65] Dem stehen allerdings die aktuelle Gesetzgebung und Rechtsprechung entgegen. Dort wird die Abnahme explizit als Fälligkeitsvoraussetzung angegeben. Werden weiterhin im Zuge der Abnahme noch wesentliche Mängel angezeigt, kann zwar eine Schlussrechnung angefordert werden, sie nimmt aber nicht die Rolle einer konkludenten Abnahmeerklärung ein.[66]

Zudem wird die Rolle der Abnahme nach Kündigung durch den BGH im Jahr 2006 verdeutlicht. Auch hier wird noch einmal darauf hingewiesen, dass die Werklohnforderung erst mit der Abnahme fällig wird, beispielsweise in Folge einer außerordentlichen Kündigung.[67] Teilleistungen können dabei in der Regel in ausreichendem Maße voneinander abgegrenzt und beurteilt werden. Weiter wird betont, dass es an schlüssigen Begründungen fehle, wenn man weniger Anforderungen an die Abnahme nach einer Kündigung, als an den Fall der Werkvollendung und vollständigen Umsetzung des Vertrags stelle. Wäre dem so, könnte der Eindruck entstehen, dass der AN gegebenenfalls Vorteile daraus ziehen könnte, gäbe es sogar noch Anlass zur Kündigung selbst.[68] Zudem verhindern vorbehaltene Mängel nicht den Eintritt der Fälligkeit der Schlussrechnungsforderung. Ein Resultat daraus kann jedoch ein Zurückbehaltungsrecht sein.[69] Nach der jeweiligen Kündigungsmöglichkeit folgt im Anschluss an die Abnahme demzufolge die Stellung der Schlussrechnung durch den AN. Ist die erbrachte Leistung mängelfrei, ist der AG zur Abnahme der Leistung verpflichtet.

Weiterhin spielt auch die Abnahmefiktion eine Rolle für die Fälligkeit. Seit dem 01.01.2018 wird die Wirksamkeit der Abnahmefiktion dadurch eingeschränkt, dass eine

---

[64] Vgl. OLG Köln, Urt v. 15.06.2012–32 O 48/12, IBR 2012, 1354.

[65] Vgl. BGH, Urt. v. 09.10.1986 – VII ZR 249/85 (Oldenburg), NJE 1987, 382.

[66] Vgl. OLG Hamm, Urt. v. 07.12.2017–17 U 187/15, IBR 2020, 1036.

[67] Vgl. BGH, Urt. v. 11.05.2006 – VII ZR 146/04, IBRRS 2006, 1804.

[68] Vgl. BGH, Urt. v. 19.02.2002 – VII ZR 103/00, IBR 2003, 190.

[69] Vgl. OLG Köln, Urt. v. 06.08.2020–24 U 29/16, IBR 2021, 405.

Frist nach § 640 Abs. 2 S. 1 BGB nach der Werkvollendung gesetzt werden kann. Dies ist eine unpräzise Vorgabe und muss im Einzelfall diskutiert werden. Zudem tritt die Zerstörung der Abnahmefiktion ein, sobald ein Mangel angezeigt und die Abnahme dadurch verweigert wird. Das Ausmaß des Mangels, wesentlich oder unwesentlich, wird nicht vorgegeben. Die Abnahmefiktion wird daher eine eher untergeordnete Rolle bezgl. der Fälligkeit spielen.[70]

Für den Fall, dass der AG zu Recht die Abnahme verweigert, nämlich aufgrund von wesentlichen Mängeln, wird der Anspruch auf die Schlussrechnung im Umkehrschluss nicht fällig. Mit Blick auf das neue Bauvertragsrecht kann dann anstelle der Schlusszahlung eine Abschlagszahlung durch den AN gefordert werden. Für Bauverträge, die vor dem 01.01.2018 geschlossen wurden, kann diese Regelung allerdings keine Anwendung finden. Eine grundlose und unberechtigte Verweigerung der Abnahme seitens des AG kann dagegen dazu führen, dass der AN den Werklohn ohne Abnahme fordern kann. Die Fälligkeit tritt damit mit der Abnahmeverweigerung des AG ein und der AN kann seinen Anspruch vor Gericht gelten machen.[71]

Erfolgt eine Teilkündigung und der AN erstellt dazu eine Teilschlussrechnung, bezieht sich diese auf einen in sich abgeschlossenen Teil der Werkleistung. Eine Teilschlussrechnung wird in der VOB/B nicht gesondert benannt. Im BGB findet sich stattdessen in § 641 Abs. 1 S. 1 der Vergütungsanspruch für einen Teil des Werks. Voraussetzung dafür ist die vereinbarte Teilabnahme, dessen Durchführung sowie die Bestimmung der Vergütung einzelner Teile. Die Teilabnahme selbst wurde zum 01.01.2018 in § 650 s BGB für den Architekten- und Ingenieurvertrag formuliert. Die VOB/B dem gegenüber hat die Teilabnahme im § 12 Abs. 2 VOB/B mitaufgenommen, unter der Vorgabe, dass auf Verlangen für in sich abgeschlossene Teile eine Abnahme möglich ist. Diese Form der Abnahme kann auch im Zuge einer Teilkündigung in Betracht kommen, hinsichtlich der Teilkündigung aus wichtigem Grund nach § 648a Abs. 2 BGB, für einen abgrenzbaren Teil des Gesamtwerks.

Die Abnahme kann dabei nicht nur förmlich erfolgen, sondern auch eine konkludente Abnahme kann zur Fälligkeit der Schlussrechnung führen. Dies ist im Einzelfall zu prüfen. Erfolgt eine Abnahme weder förmlich noch konkludent, ist die Prüfung der Entbehrlichkeit einer Abnahme notwendig.[72] Es gibt unabhängig von dieser Abfolge jedoch die Möglichkeit, dass eine Abnahme nach der Kündigung und damit als Fälligkeitsvoraussetzung für die Vergütung obsolet ist. Die Regelungen zur Entbehrlichkeit der Abnahme gelten ebenfalls für den Fall, dass eine Partei den Bauvertrag gekündigt hat. Dies ist der Fall, wenn der AG keine Vollendung des Werks wünscht, *sondern lediglich*

[70] Vgl. Börgers, in Würfele et al., Kap. 6, Rn 827–830.

[71] Vgl. Kniffka et al., Teil 4 Rn 485–487.

[72] Vgl. OLG Köln, Urt. v. 11.10.2017–16 U 48/16, BGH, Beschl. v. 11.10.2018 – VII ZR 257/17, IBR 2019, 435.

noch auf Zahlung gerichtete Gewährleistungsrechte geltend macht und somit ein Abrechnungsverhältnis zwischen den Parteien eingetreten ist.[73],[74]

Wird nun die Abnahme nach der Kündigung durchgeführt und diese als Fälligkeitsvoraussetzung durch den AG anerkannt, bedeutet dies nicht, dass übrige Voraussetzungen hinfällig sind.[75]

Zugang prüffähige Schlussrechnung

Neben der Abnahme ist der Zugang der prüfbaren Schlussrechnung Voraussetzung für die Fälligkeit des Vergütungsanspruchs des AN.[76] Ebenso markiert sie den Beginn der Verjährung des Vergütungsanspruchs. Die Fälligkeit des Vergütungsanspruchs ist seit dem 01.01.2018 gesetzlich verankert und im § 650 g Abs. 4 Nr. 2 BGB zu finden.

In Bauverträgen, die bis zum 31.12.2017 geschlossen wurden, wird die Vergütung lediglich mit der Abnahme fällig und der Zugang der Schlussrechnung ist keine Voraussetzung für die Fälligkeit der Vergütungsforderung. Diese alte Regelung führt jedoch nicht dazu, dass die Schlussrechnung grundsätzlich nicht erforderlich wäre, sie nimmt hier eher die Rolle der Forderungsprüfung durch den AG ein. Ist es ihm dabei nicht möglich, ohne Schlussrechnung die Forderung zu berechnen, gerät er jedoch auch nicht in Zahlungsverzug.[77] Eine detaillierte Darstellung der Prüffähigkeit von Schlussrechnungen erfolgt im Abschn. 7.4.

Wird auch die Prüffähigkeit der Schlussrechnung als Fälligkeitsvoraussetzung angesehen, gemäß § 650 g Abs. 4 S. 1 Nr. 2 BGB sowie § 16 Abs. 3 Nr.1 VOB/B, und es sind zumindest Teile der Rechnung prüfbar, die unter Berücksichtigung von getätigten Voraus- und Abschlagszahlungen insgesamt ein Guthaben ergeben, so ist dieses Guthaben als Teil der Gesamtvergütung auszuzahlen. Die Abschlagsrechnungen stellen dabei keine Fälligkeitsvoraussetzungen dar.[78] Grundsätzlich lässt sich jedoch festhalten, dass auf Basis der vorgestellten Regelungen zur Fälligkeit, die Prüffähigkeit keine zwingende Voraussetzung für die Fälligkeit darstellen muss.

Bleibt die Schlussrechnungsstellung aus, wird im Falle eines VOB-Vertrags der § 16 Abs. 3 Nr. 1 VOB/B mit seinem Inhalt dazu Orientierung geben, dass ohne prüfbare Abrechnung der AN auch keinen Anspruch auf Fälligkeitszinsen hat. Dies unterstützt weiter der § 641 Abs 4 BGB in Verbindung mit dem § 246 BGB. Der AG kann demnach nicht in Verzug geraten, da der Verzug die Fälligkeit voraussetzt. Eine Lösung bezogen auf den Beginn der Verjährung gibt § 199 Abs. 1 Nr. 1 BGB. Hier beginnt die Verjährung

[73] OLG Brandenburg, Urt. v. 08.11.2018–12 U 25/16, IBR 2019, 183.

[74] Kniffka et al. Teil 4 Rn 495.

[75] Vgl. BGH, Beschl. v. 24.08.2016 – VII ZR 41/14, IBR 2016, 627.

[76] Vgl. Althaus et al., Kap. 8 Teil 6 – Kündigung, Rn 36.

[77] Vgl. Kniffka et al., Teil 4 Rn 495-495b.

[78] Vgl. Kniffka et al., Teil 4 Rn 543.

von drei Jahren in Abhängigkeit von der Entstehung des Anspruchs, welcher wiederum die Fälligkeit voraussetzt.

Ablauf der Prüffrist

Prüft der AG die Schlussrechnung gar nicht oder nicht nach den Regeln der VOB/B rechtzeitig in der vorgesehenen Zeit von 30 Tagen nach Zugang, so wird die Forderung des AN entsprechend fällig. Gleiches gilt, sofern der AG die fehlende Prüffähigkeit nicht rügt und die Prüffrist abläuft. An diese Stelle rückt sodann § 16 Abs. 5 Nr. 3 VOB/B und der AN kann einen Anspruch auf Verzugszinsen in Höhe der in § 288 Abs. 2 BGB genannten Zinssätze ohne Nachfristsetzung geltend machen. Die Berechtigung dazu ist unabhängig davon, d. h. die Fälligkeit ist nicht gleichzustellen mit der Berechtigung. Auch nach Eintritt der Fälligkeit ist eine Prüfung der Schlussrechnung vorzunehmen und zu entscheiden, ob eine Forderung besteht.[79] Werden nach dem Fristablauf noch weitere, nicht prüfbare Rechnungen vom AN gestellt, hat dies keine Auswirkungen auf die eingetretene Fälligkeit.[80]

Im BGB wird eine Frist zur Stellung der Schlussrechnung nicht genannt. Nach dem Wortlaut des § 650 g Abs. 4 BGB genügt demnach die Erteilung der prüffähigen Schlussrechnung.[81] Auch nach dem 01.01.2018 und der Einführung des neuen Bauvertragsrechts findet sich im BGB keine Frist wie nach § 14 Abs. Abs. 3 VOB/B, bis wann die Schlussrechnung gestellt werden muss. Auch finden sich keine Regelung zur schlussendlichen Erstellung durch den AG selbst. Wird wie eingangs erläutert bei der Erteilung der Schlussrechnung gemäß § 14 UstG von einer Nebenpflicht ausgegangen, kann von einem Anspruch auf Schadensersatz sowie einem Zurückbehaltungsrecht gemäß 273 BGB ausgegangen werden. Die Unterscheidung, ob die Schlussrechnungsstellung eine Obliegenheit des AN oder gar Nebenpflicht ist und der AG infolgedessen in Annahmeverzug gerät, wird in der Fachliteratur unterschiedlich angenommen. Ein Anspruch auf Schadensersatz steht bei einer Obliegenheit nicht zur Debatte.[82]

Nicht fällig gewordener Werklohn

Ist auf Grundlage der vorangegangenen Verweise der Werklohn nicht fällig, ist auch eine Werklohnklage demzufolge als derzeit unbegründet abzuweisen. Dies entspricht dem klassischen Fall, sofern die Forderung auf einer nicht prüffähigen Schlussrechnung beruht. Damit ist die Klage jedoch nicht für alle Zeiten unmöglich, sondern wird nur als zurzeit nicht begründet angesehen. Möglich ist dagegen, dass Fälligkeitsvoraussetzungen

[79] Vgl. OLG Stuttgart, Urt. v. 19.09.2017–10 U 48/15, IBRRS 2021, 1122.

[80] Vgl. Voit, in Messerschmidt et al., VOB/B § 16 Zahlung Rn 17.

[81] Vgl. Rast, Vortrag „Prüfbarkeit der Schlussrechnung", 55. Baurechtstag in Leipzig, 6.-7. März 2020, Folie 6.

[82] Vgl. Börgers, in Würfele et al., Kap. 6, Rn 772–774.

nachträglich eintreten, auch nach einem rechtskräftigen Urteil, und die neue Schlussrechnung die Einklage der Vergütung realisiert.[83]

Abschließend lässt sich somit zusammenfassen, dass im Zuge eines gekündigten Bauvertrags weiterhin die Abnahme der Leistung sowie der Zugang der Schlussrechnung Fälligkeitsvoraussetzungen für den Werklohn sind. Die Prüffähigkeit an sich, wird nicht zwingend dazugezählt. Ebenfalls kann für eine Schlussrechnung nach Ablauf der Prüffrist gemäß VOB/B die Fälligkeit eintreten.

7.4 Prüfbarkeit von Schlussrechnungen

Wie bereits im Abschn. 7.3 vorgestellt, gelten neben der Abnahme weitere Voraussetzungen für die Fälligkeit. Dazu zählt der Zugang der prüffähigen Schlussrechnung. Nachdem eine Schlussrechnung beim AG eingeht, sollte diese umgehend auf ihre Prüffähigkeit kontrolliert werden. Dazu gehört auch die Kontrolle, ob alle Unterlagen zur Beurteilung des Leistungsumfangs zweifelsfrei vorhanden sind.

Was bedeutet nun der Begriff Prüffähigkeit und welcher Umfang wird damit vorgegeben? Die Prüffähigkeit wird im § 16 Abs. 3 Nr. 1 VOB/B sowie im § 650 g Abs. 4 S. 1 Nr. 2 BGB vorgegeben. Demnach kann der AN seinen Werklohn nicht verlangen, solange er dem AG keine prüfbare Schlussrechnung vorlegt.

Setzt der AG seinen Prüfvermerk unter eine vorliegende Schlussrechnung, so hat dies zunächst nur die Bedeutung einer „Wissenserklärung",. Fehlt es an weiteren (klarstellenden) Anmerkungen, so wird das dem Prüfvermerk selbst *„kein rechtsgeschäftlicher Erklärungswert zuerkannt wird"*.[84]

Anforderungen an die Rechnung werden im BGB im § 650 g Abs. 4 S. 2,3 formuliert. Darin steht, dass die Schlussrechnung als prüffähig angesehen wird, *„wenn sie eine übersichtliche Aufstellung der erbrachten Leistungen enthält und für den Besteller nachvollziehbar ist. Sie gilt als prüffähig, wenn der Besteller nicht innerhalb von 30 Tagen nach Zugang der Schlussrechnung begründete Einwendungen gegen ihre Prüffähigkeit erhoben hat."*

Für den Inhalt wurde damit nur die übersichtliche Aufstellung der erbrachten Leistung sowie die Nachvollziehbarkeit für den AG vorgegeben. Weitere Anforderungen bleiben unbenannt und lassen Raum für die Variation der Komplexität von unterschiedlichen Bauleistungen.[85]

Die Aufstellung der Leistungen deutet dabei in der genannten Einfachheit auf die Rechnungsstellung von Einheitspreisverträgen hin. Von einer prüffähigen Rechnung

[83] Vgl. Bohn Vorsitzende Richterin am OLG Hamm, Vortrag „Verfahrens- und Prozessführung (insb. Berufungsverfahren in Bausachen), Vorlesungsveranstaltung im Masterstudiengang Baurecht im Lebenszyklus von Bauwerken, FH Münster, 29.12.21, S. 6.

[84] LG Köln, Urt. v. 06.10.2011 – 8O 304/10, IBRRS 2012, 3107.

[85] Vgl. Kniffka et al., Teil 4 Rn 496.

kann dabei ausgegangen werden, wenn die Aufstellung erfolgt, wie oft die Einzelleistungen erbracht wurden, abhängig von der Art der Leistung durch Zuhilfenahme von Mengenberechnungen, relevanten Belegen oder Zeichnungen.

Im Vergleich zum BGB werden die Anforderungen im § 14 Abs. 1 VOB/B wie folgt aufgeführt: Der AN hat die Schlussrechnung übersichtlich aufzustellen, der Reihenfolge der Posten zu folgen und Bezeichnungen in den Vertragsbestandteilen zu übernehmen.

Dies dient insgesamt der Übersichtlichkeit der Rechnung. Das bedeutet auch, dass die Beschreibung der Leistung in den jeweiligen Positionen der Beschreibung aus dem LV entspricht. Diese elementaren Vorgaben ermöglichen es dem AG direkt zu erkennen, welche Leistungen vom AN abgerechnet werden und diese mit der zugehörigen Position im LV zu vergleichen. Ferner sind gemäß § 14 Abs. 1 VOB/B die *„zum Nachweis von Art und Umfang der Leistungen erforderlichen Mengenrechnungen, Zeichnungen und andere Belege"* notwendig und vorzulegen. Mit diesem Verweis wird explizit die Abrechnung nach Aufmaß festgehalten, welche für einen Einheitspreisvertrag oder auch Detail-Pauschalvertrag erheblich ist. Das Aufmaß ist demnach entscheidend für die Prüfbarkeit dieser Abrechnungen. Wie bereits erläutert ist das gemeinsame Aufmaß eine Empfehlung, bzw. eine Soll-Bestimmung und es wird daraus keine zwingende Voraussetzung für die Prüfbarkeit abgeleitet. Auch das einseitige Aufmaß kann eine ausreichende Prüfbarkeit vorweisen. Zu den allgemeinen Anforderungen zur Prüfbarkeit der Schlussrechnung wird das Aufmaß für den Einheitspreisvertrag mit aufgenommen. Eine Vorgabe für den Pauschalpreisvertrag liegt dagegen nicht vor.

Sind Aufmaße den Leistungen nicht zuzuordnen, verfehlen sie ihren Zweck und eine Abrechnung kann nicht prüfbar sein. Im schlechten Fall *„kann das dazu führen, dass die Vergütungsforderung endgültig nicht durchgesetzt werden kann."*[86] Demnach sind gemäß § 14 Abs. 2 S. 1 VOB/B die *„notwendigen Feststellungen [...] dem Fortgang der Leistung entsprechend möglichst gemeinsam vorzunehmen"*.

Ersichtlich wird dabei, dass sich die Schlussrechnung an den Inhalten des Vertrags orientieren muss, auch sofern einzelne Aufträge gesondert, was durchaus erlaubt ist, abgerechnet werden. Möglich sind zudem nicht gänzlich neu aufgestellte Schlussrechnungen. Das heißt, es dürfen auch vorangegangene Abschlagsrechnungen als Grundlage genutzt werden. Generell dürfen keine überzogenen Anforderungen an die Darlegung der Schlussrechnung gestellt werden.[87]

Auch für die VOB/B-Schlussrechnung steht damit die Nachvollziehbarkeit durch den AG im Vordergrund. Dies sollen die in der VOB/B aufgeführten Anforderungen sicherstellen. Der AG muss in der Lage sein, die Forderung auf Basis des Vertrags zu prüfen und dabei Unrichtigkeiten bzw. Abweichungen zu erkennen. Maßgeblich ist hier die Fachkunde des AG. Die Anforderungen richten sich weiterhin nach der Vergütungsvereinbarung und daraus aus dem Informations- und Kontrollinteresse des AG. Orientiert

---

[86] Kniffka et al., Teil 4 Rn 503.

[87] Vgl. OLG Stuttgart, Urt. v. 19.09.2017–10 U 48/15, IBRRS 2021, 1122.

Tab. 7.1 Übersicht zu den Anforderungen an die Prüffähigkeit

Anforderungen aus dem BGB und der VOB	Anforderungen aus der Rechtsprechung und Fachliteratur

BGB
• Übersichtlichkeit:
• Aufstellung der Leistungen
• Nachvollziehbarkeit
VOB
• Übersichtlichkeit:
  • Einhaltung der Reihenfolge der Posten
  • Verwendung der im Vertrag verwendeten Bezeichnungen (LV)
  • Gesonderte Kennzeichnung geänderter/ zusätzlicher Leistungen
• Nachvollziehbarkeit:
  • Beifügung Mengenberechnungen, Zeichnungen, Belege (Aufmaß) für Art und Umfang der Leistung
  • Orientierung der Forderungen auf Basis des Bauvertrags
	Allgemeine Anforderungen:
	• Grad der Prüffähigkeit in Abhängigkeit von der Fachkunde des AG
	• Prüffähigkeit ist kein Selbstzweck
	• Berücksichtigung Kontroll- und Informationsinteresse des AG
	• Keine Bevor- oder Benachteiligung einer Vertragspartei
	• Die Anforderungen dürfen nicht überspannt werden
	• Ermöglichung einer schnellen und einfachen Beurteilung
	• Prüfbarkeit ist keine Frage der Sachlichkeit oder Richtigkeit
	• Schlussrechnung kann auch nur teilweise prüffähig sein
	Anforderungen in Anlehnung an die Übersichtlichkeit und Nachvollziehbarkeit:
	• Orientierung der Forderungen auf Basis des Bauvertrags
	• Erkennbarkeit von Abweichungen
	• Erforderliche Einteilung in erbrachte und nicht erbrachte Leistungen
	• Gesonderte Kennzeichnung geänderter/ zusätzlicher Leistungen
	• Schlüssige Darlegung hinsichtlich ersparter Aufwendungen und anderweitigem Erwerb
	• Berücksichtigung beigefügter Unterlagen

sich die Schlussrechnungsstellung an diesem Interesse des AG, ist die Prüfbarkeit demnach mit hoher Wahrscheinlichkeit umgesetzt.[88]

Sind Leistungen nicht in der Reihenfolge der Posten aufgelistet, trägt dies nicht direkt zur fehlenden Prüfbarkeit bei, bzw. behindert die Prüfbarkeit nicht, vorausgesetzt die Leistungen sind schnell und unkompliziert in den weiteren Unterlagen zu finden. Auch fehlerhafte Maß- oder Mengenangaben sind noch kein Ausschlussgrund und stehen der Schlussrechnungsprüfung nicht automatisch entgegen.[89]

[88] Vgl. OLG Karlsruhe, Urteil vom 02.12.2014–19 U 122/13; BGH, Beschluss vom 18.01.2017 – VII ZR 22/15, IBR 2017, 362.

[89] Vgl. OLG Düsseldorf, Urt. v. 10.04.2018–23 U 0/17, IBRRS 2018, 3806.

Liegen Änderungen oder Ergänzungen vor, im Sinne von Nachträgen, sind diese zu kennzeichnen und sofern gewünscht gesondert abzurechnen. Hier muss explizit darauf geachtet werden, dass diese nicht inhaltlich mit anderen ursprünglich vereinbarten Positionen vermischt wurden. Eine Erläuterung, dass es sich dabei um eine geänderte bzw. zusätzliche Leistung handelt inkl. getrennter eigener Abrechnung, unterstütz die Prüfbarkeit des Sachverhalts.

Zur Nachvollziehbarkeit gehört ebenfalls, dass der AG die ersparten Aufwendungen nach der Kündigung überprüfen kann und diese in der Schlussrechnung korrekt berücksichtigt wurden. Diese Vorgaben resultieren darin, dass sich die Prüfbarkeit der Rechnung im Grundsatz mit den Anforderungen an die Schlüssigkeit für die prozessuale Darlegung decken. Für die ersparten Aufwendungen bedeutet dies zudem, dass dem AN eine Erstdarlegungslast trifft und der AG im späteren Verlauf die Darlegungs- und Beweislast trägt, sofern er höhere Angaben für die Ersparnisse oder den anderweitigen Erwerb als vom AN berechnet, angibt.[90]

Die Leistungen werden nach der Kündigung getrennt dargestellt, unterteilt in erbrachte und nicht erbrachte Leistungen. Die Anforderungen, formuliert in den §§ 14 und 16 VOB/B, regeln dabei lediglich die Prüfbarkeit der tatsächlich erbrachten Leistungen. Auf die nicht erbrachten Leistungen sind diese Anforderungen nicht unmittelbar anzuwenden, spiegeln sie lediglich den Idealfall der Vertragsvollendung wider. Der BGH hat dennoch bestimmt, dass die Bestimmungen auf die gesamte Schlussrechnung zu übertragen sind und nach einer Kündigung Anwendung finden.[91]

Für die Prüfung der Schlussrechnung steht dem AG eine Frist von 30 Tagen zu. Dies wird im § 650 g Abs. 4 S. 2 BGB sowie im § 16 Abs. 3 Nr. 1 VOB/B formuliert. Im BGB handelt es sich um eine starre Frist von 30 Tagen, während die Frist in der VOB auf maximal 60 Tage verlängert werden kann. Gemäß VHB müssen für eine Verlängerung der Frist maßgebliche Umstände vorgetragen sowie dokumentiert werden. Eine Verlängerung kann gerechtfertigt sein, sofern ein sehr umfangreiches LV mit einer Anzahl von über 100 Leistungspositionen vorliegt, eine Bauzeit von mehr als einem Jahr berücksichtigen werden muss oder die Prüfungslage infolge zahlreicher Begleitunterlagen sehr komplex ist. In Abhängigkeit vom jeweiligen Einzelfall ist folglich nicht zwangsläufig die maximale Fristverlängerung erforderlich.[92] Wird nach Ablauf dieser Frist kein Einwand bzw. keine Rüge gegen die Prüffähigkeit erhoben oder wird diese verspätet kommuniziert, ist die Fälligkeit des Werklohns eingetreten. Nur mit fristgerechter Rüge ist der AG berechtigt substantiiert die fehlende Prüfbarkeit der Schlussrechnung vorzutragen. Die Rüge muss dem AN dabei die Möglichkeit geben, eine neue Rechnung zu

[90] Vgl. OLG Düsseldorf, Urt. v. 27.08.2021–22 U 267/20, IBRRS 2021, 3038.

[91] Vgl. BGH, Urt. v. 21.12.1995 – VII ZR 198/94, IBR 1996, 181.

[92] Vgl. Vergabe- und Vertragshandbuch für die Baumaßnahmen des Bundes (VHB), Ausgabe 2017, Richtlinie 214 S. 2.

erstellen, fehlende Informationen nachzuholen und sich grundsätzlich dazu zu äußern.[93] Eine allgemeine pauschale Rüge ohne konkrete Informationen zu fehlenden Angaben reicht nicht aus.[94]

Die Erteilung der Schlussrechnung schließt grundsätzlich nicht aus, dass der AN noch spätere Forderungen stellt. Relevant ist dabei der Vorbehalt bzw. die vorbehaltlose Annahme der Schusszahlen. Besonderheiten dazu finden sich in den Regelungen der VOB/B, wodurch eine Einrede zulässig ist, sofern sie ausdrücklich erfolgt. Das BGB formuliert dazu keine Regelungen. Im Detail bedeutet dies für den VOB-Vertrag, dass sofern der AN nach Schlussrechnungserteilung die Zahlung annimmt, weitere Forderungen im Sinne des § 16 Abs. 3 Nr. 2 VOB/B ausgeschlossen sind. Voraussetzung dafür sind einerseits, dass der AG den AN über die Schlusszahlung schriftlich informiert und auf die ausschließende Wirkung hinweist. Andererseits, dass der AN gemäß § 16 Abs. 3 Nr. 5 VOB/B keinen Vorbehalt innerhalb von 24 Tagen äußert oder diesen innerhalb der Frist nicht angemessen erläutert.[95]

Gewiss wird der Prüfbarkeit bei unterschiedlichen Vertragstypen nicht immer die gleiche Bedeutung beigemessen, da Schlussrechnungen nicht einem einheitlichen Schema folgen. Wie eingangs dargestellt, wird weder in der VOB/B noch im BGB die Prüffähigkeit exemplarisch für einen Vertragstyp formuliert. Entspricht die Vorgabe der „übersichtlichen Aufstellung der Leistungen“ in § 14 Abs. 1 VOB/B sowie in § 650 g Abs. 4 S. 2 BGB aufgrund des Wortlauts näherungsweise einem Einheitspreisvertrag, die Prüfbarkeit muss jedoch gleichermaßen für den Pauschalpreisvertrag sichergestellt werden, soll dafür eine adäquate Schlussrechnung nach der Kündigung erstellt werden. Für den Pauschalpreisvertrag ist damit eine Darstellung der Leistungen für die Herstellung der Prüffähigkeit unabdingbar. Im Falle des Detail-Pauschalpreisvertrags infolge der Anwendung eines bepreisten LV analog zum Einheitspreisvertrag und für einen Global-Pauschalpreisvertrag ggf. durch Aufschlüsselung der Einzelpositionen. Dieser Forderung folgt auch ein BGH-Urteil aus dem Jahr 2002, in dem die Prüfbarkeit eines Pauschalpreisvertrags erläutert wird. Demnach muss die erbrachte Leistung in Teilleistungen aufgegliedert und mithilfe der Urkalkulation bewertet werden. Das Aufmaß konnte exemplarisch anhand von Nachunternehmerunterlagen als Anhang nachvollzogen werden und insgesamt zur Prüfbarkeit der Schlussrechnung beitragen. Damit ergibt sich ein weiterer Aspekt, der die Prüfbarkeit begünstigt, und zwar, dass der Schlussrechnung beigefügte Unterlagen stets zu berücksichtigen sind, soweit sie es dem AG ermöglichen eine Prüfung durchzuführen.[96]

---

[93] Vgl. Kniffka et al., Teil 4 Rn 495–541.

[94] Vgl. BGH, Urt. v. 11.02.1999 – VII ZR 399/97, IBR 199,199; OLG Stuttgart, Urt. v. 14.08.2018–10 U 154/17; BGH, Beschl. v. 12.02.2020 – VII ZR 185/18, IBR 2020, 509.

[95] Vgl. Kniffka et al. Teil 4 Rn 554-554a.

[96] Vgl. BGH, Urt. v. 14.11.2002 – VII ZR 224/01, IBRRS 2002, 2271.

Die aufgezählten Anforderungen an eine Schlussrechnung spiegeln die Relevanz von einem allgemein gültigen Rahmen zur Beurteilung der Prüfbarkeit wider. Einzuhalten Grundsätze sollen gewährleisten, dass keiner Vertragspartei ungerechtfertigte Nachteile oder Vorteile zugesprochen werden. Dafür ist ein erforderliches Maß an Transparenz im Zuge der Abrechnung erforderlich.[97] Grundsätzlich gilt, dass die Prüfbarkeit der Rechnung demnach kein Selbstzweck ist, sondern die Anforderungen dem Schutz des AG dienen.[98] Das bedeutet gleichzeitig, dass der AG den Grad der Prüffähigkeit in Bezug auf seine fachliche Kompetenz steuern kann. Je geringer er die Prüffähigkeit schätzt, je eher kann die Schlussrechnung aufgrund mangelnder Prüffähigkeit entsprechender Elemente zurückgewiesen werden.[99]

Ein weiterer Fall der besonders für Pauschalpreisverträge relevant ist, ist die Angabe von Abschlagszahlungen in der Schlussrechnung. Hier wird bzgl. der Prüfbarkeit der Fokus auf einen vereinbarten Zahlungsplan gelegt und die bereits erfolgten Zahlungen. Fehlt es an einer vertraglichen Vereinbarung, wird dadurch auch die Erstellung der Schlussrechnung erschwert. Der AG muss weiterhin in die Lage versetzt werden nachzuvollziehen, ob der *„Abschlagsrechnung zugrunde gelegte prozentuale Anteil der vereinbarten Pauschale dem vereinbarten Leistungsstand entspricht“*.[100] Die schnelle und einfache Beurteilung der Leistung durch den AG ist dabei notwendig.[101]

Zusammenfassend lässt sich festhalten, dass allgemeine Vorgaben zur Prüffähigkeit existieren, weitere Anforderungen an eine prüffähige Schlussrechnung jedoch im Einzelfall zu bewerten sind. Die Anforderungen können daher variieren. Es sollte darum gehen, dass die jeweilige Schlussrechnung geeignet ist, dem tatsächliche Kontroll- und Informationsinteresse des AG zu entsprechen. Dabei spielen das Fachwissen, die Erfahrung und die eigenen subjektiven Anforderungen des AG bzgl. Schlussrechnungen eine primäre Rolle. Die Anforderungen *„dürfen nicht überspannt werden. Wenn ausreichende Schätzungsgrundlagen vorhanden sind, ist jedenfalls eine Schätzung vorzunehmen“*[102] Die Leistung wird nicht bloß abgerechnet, sondern prüfbar abgerechnet. Dabei ist es möglich, dass der AG die Rechnung als prüfbar empfindet, ein Gericht jedoch nicht zwingenderweise. Ohne prüfbare Schlussrechnung der jeweiligen Vertragsart wird der AN jedoch nicht in der Lage sein, seinen Vergütungsforderung durchzusetzen. Spätestens im Zuge des prozessualen Wegs, wird der AN gefordert sein seine Leistung der Höhe und dem Grunde nach nachvollziehbar bzw. prüfbar abzurechnen. Abgegrenzt werden muss die Frage nach der sachlich richtigen Berechnung von der Frage der Prüfbarkeit der Rechnung. Deshalb wird der *„Frage, ob die Berechnung*

[97] Vgl. Kniffka et al., Teil 8 Rn 44.

[98] Vgl. OLG Brandenburg, Urt. v. 16.02.2005–4 U 12/02, IBR 2005, 1218.

[99] Vgl. BGH, Urt. v. 11.02.1999 – VII ZR 399/97, IBRRS 2000, 0705.

[100] Börgers, in Würfele et al., Kap. 6, Rn 793.

[101] Vgl. Börgers, in Würfele et al., Kap. 6, Rn 792–793.

[102] OLG Stuttgart, Urt. v. 19.09.2017–10 U 48/15, IBRRS 2021, 1122.

sachlich richtig oder falsch ist"[103] keine Bedeutung im Zuge der Prüfbarkeit beigemessen. Da die dargestellten Vorgaben einer prüffähigen Schlussrechnung in den jeweiligen Rechtsprechungen bzw. Fachliteraturen ohne weitere Einschränkungen hinsichtlich gekündigter Bauverträge vorgestellt werden, sind sie durchweg auf den Werklohnanspruch nach Kündigung anwendbar.[104]

Zusammenfassend lassen sich gemäß Tab. 7.1 die dort aufgeführten Anforderungen an die Prüffähigkeit von Schlussrechnungen aus diesem Kapitel filtern:

7.5 Rügefrist und fehlende Prüfbarkeit

Ist eine Schlussrechnung nicht prüfbar, muss sie nicht zwangsläufig unrichtig sein. Der Einwand der fehlenden Prüfbarkeit entspricht der mangelnden Substantiierung der Forderung. Ebenso ist eine prüfbare Rechnung nicht unbedingt richtig. Hier kann es passieren, dass für eine Rechnung, sofern sie nicht prüfbar ist, die Richtigkeit folglich nicht geprüft werden kann. Der erste Schritt ist damit die Klärung, ob eine Schlussrechnung prüfbar ist und anschließend, ob sie falsch oder richtig ist. Sofern die Prüfbarkeit eine der Voraussetzungen darstellt und dies im Vertrag so verankert wurde, dient dies als Mindestanforderung, wodurch nur solche Schlussrechnungen dem AG vorgelegt werden, welche der Abrechnung nach Vertrag nachkommen.[105]

Ein Beispiel dafür kann die Berechnung eines Nachtrags sein, wenn der AN eine nachweislich falsche Berechnungsgrundlage wählt, z. B. § 2 Abs. 5 VOB/B anstelle von § 2 Abs. 6 VOB/B, und damit die Rechnung nach § 2 Abs. 5 VOB/B prüfbar ist, jedoch nicht relevant für die Rolle der Prüfbarkeit der Schlussrechnung.[106]

Häufig sind nur Teile der Schlussrechnung nicht prüffähig. Dann muss geklärt werden, ob unter Berücksichtigung von Abschlags- oder Vorauszahlungen und dem restlichen prüfbaren Teil, ein Guthaben des AG ersichtlich wird, welches ausgezahlt werden kann. Die fehlende Prüfbarkeit kann folglich nicht mehr zur Abweisung der Auszahlung vorgebracht werden, bzw. besteht für den AG keine Befugnis mehr, auch nicht hinsichtlich seines schutzwürdigen Interesses, sich darauf zu berufen, wenn eine Prüfung trotz einzelner fehlender Angaben möglich war.[107]

Von der Prüfbarkeit ist zudem der Begriff der Begründetheit abzugrenzen. Liegen in der Schlussrechnung beispielsweise Abweichungen der Rechnungspreise vor, ist die

[103] OLG Karlsruhe, Urteil vom 02.12.2014–19 U 122/13; BGH, Beschluss vom 18.01.2017 – VII ZR 22/15, IBR 2017, 362.

[104] Vgl. Voit, in BeckOK BGB, Haus/Poseck, 59. Edition Stand: 01.05.2020, BGB § 650 g Schlussrechnung, Rn 25.

[105] Vgl. Kniffka et al., Teil 4 Rn 499.

[106] Vgl. Kniffka et al., Teil 4 Rn 500.

[107] Vgl. Kniffka et al., Teil 4 Rn 439.

Rechnung dennoch prüfbar. In diesem Falle liegt keine fehlende Prüfbarkeit vor, sondern eine Frage der Begründetheit.[108]

Eine nicht prüfbare Schlussrechnung liegt beispielsweise vor, wenn eine prozentuale Bewertung der erbrachten Leistungen erfolgt, jedoch ohne nachvollziehbare Bewertungskriterien. Ein anderes Beispiel wäre eine nachträgliche Rechnung, die ohne nachvollziehbaren Bezug auf den Vertrag vorliegt.[109] Sind jedoch einzelne Nachträge nicht prüfbar, ergibt sich noch kein Rückschluss auf eine gänzlich nicht prüffähige Schlussrechnung.

Auswirkungen fehlende Prüfbarkeit

Wird innerhalb der gebotenen Frist gemäß § 650 g Abs. 4 S. 3 BGB bzw. § 16 Abs. 3 Nr. 1 VOB/B eine (berechtigte) Rüge vorgetragen, wird die Vergütungsforderung nicht fällig. Wichtig ist dabei, dass die Rüge des AN substantiiert und nicht pauschal erfolgt. Informationen zu fehlenden Daten etc. haben detailliert vorgetragen zu werden. Wird eine Rüge bzgl. der Prüfbarkeit nicht rechtzeitig angezeigt, wird der Werklohn fällig und der AG kann später lediglich bzgl. Schlüssigkeit der Forderungshöhe Einwände erheben.[110] Das bedeutet, dass die Forderung fällig wird, jedoch führt dies nicht zu *„einem weitergehenden Ausschluss von inhaltlichen Einwendungen gegen die Forderung selbst“*.[111] Einer Rüge aufgrund fehlender Prüfbarkeit, die nicht substantiiert vorgebracht wird steht die Fälligkeit nicht entgegen, da dem AN, wie bereits erläutert, die Möglichkeit gegeben werden muss, fehlende Informationen nachreichen zu können.

Ist die Schlussrechnung grundsätzlich nicht prüfbar, sollte sie auch nicht weiter geprüft werden. Andererseits kann es negative Konsequenzen für den AG nach sich ziehen, sofern es der AG versäumt *„fristgerechte Einwände gegen die Prüfbarkeit der Schlussrechnung geltend zu machen“*[112]. Nach Ablauf der Prüffrist wird die Schlussrechnung, unabhängig davon, ob diese nun prüffähig ist, oder nicht, fällig.[113] Werden infolgedessen weitere nicht prüffähige Schlussrechnungen vorgelegt, haben auch diese keinen Einfluss auf die Fälligkeit des Werklohns. Lediglich eine Sachprüfung zur Berechtigung der Forderung durch den AG kann noch erfolgen.[114]

---

[108] BGH, Urt. v. 13.05.2004 – VII ZR 424/02, IBR 2004, 489.

[109] Vgl. Kniffka et al., Teil 8 Rn 67.

[110] Vgl. OLG Stuttgart, Urt. v. 14.08. 2018–10 U 154/17, BGH, Beschl. v. 12.02.2020 – VII ZR 185/18, IBR 2020, 509.

[111] OLG München, Beschl. v. 27.03.2019–28 U 3906/18 Bau, IBRRS 2021, 2956.

[112] OLG Frankfurt, Urt. v. 26.11.2018–29 U 91/17, BGH, Beschl. v. 06.11.2019 – VII ZR 260/18, IBR 020, 228.

[113] Vgl. OLG Frankfurt, Urt. v. 26.11.2018–29 U 91/17, BGH, Beschl. v. 06.11.2019 – VII ZR 260/18, IBR 020, 228.

[114] Vgl. BGH, Urt. v. 27.01.2011 – VII ZR 41/10, IBR 2011, 188.

7.6 Auswahl an möglichen Prüfergebnissen

Auf Grundlage der bisher dargestellten Hinweise zum Zweck und Hintergrund der Schlussrechnung, sowie zu den darin aufzuführenden Positionen, bis hin zur Fälligkeit und Information dazu, was rechtlich unter dem Begriff der Prüffähigkeit zu verstehen ist, lässt sich erkennen, wie umfangreich die Schlussrechnungsthematik ist. Es kann deshalb davon ausgegangen werden, dass auch ein Ergebnis einer Schlussrechnungsprüfung nicht eindimensional, sondern vielschichtig zu betrachten ist. Basierend auf den vorgestellten Themen rund um die Schlussrechnung werden neben dem Ergebnis, dass entweder der AG die Vergütung auszahlt oder aber die Schlussrechnung nicht prüfbar ist, weitere Ergebnisvarianten zu erwarten sein. Beispielhaft werden dazu einige Ergebnisse vorgestellt.

Ist die Prüfung der Schlussrechnung abgeschlossen, kann der AG zu unterschiedlichen Ergebnissen kommen, da nicht nur eine direkte Zahlung des Werklohns oder die Zurückweisung aufgrund fehlender Prüffähigkeit denkbar ist. Es kann durchaus die Möglichkeit bestehen, dass kein Anspruch „dem Grunde nach" gegeben ist, da der AN nicht befugt ist eine Schlussrechnung zu stellen.

Möglicherweise kommt der AG im Zuge der Schlussrechnungsprüfung zum Ergebnis, dass diese auf Basis relevanter Kriterien nicht prüfbar ist. Ist dies der Fall ist dem AGzu empfehlen, die vorgegebene Prüffrist strikt einzuhalten und substantiiert die Gründe für eine fehlende Prüffähigkeit darzulegen. Durch diese Darlegung der Gründe hat der AN die Möglichkeit fehlende Informationen bzw. Nachweise nachzureichen und so eine Prüffähigkeit der Schlussrechnung herzustellen.

Ein weiteres Zwischenergebnis beschreibt den Fall, dass der AG einen beträchtlichen Zeitaufwand zur Schlussrechnungsprüfung aufbringen muss. Offenbar sind komplexe Abrechnungsbestanteile in der Schlussrechnung zu finden oder es werden weitere Ansprüche, wie der Schadensersatz, formuliert. Als weiterer Schritt infolgedessen muss jedoch bereits ein ersichtliches Guthaben als unbestrittener Anspruch an den AN ausgezahlt werden.

In einem weiteren Fall besteht das Ergebnis der Prüfung darin, dass die Schlussrechnung dem Grunde nach berechtigt ist, der AG aber infolge der inhaltlichen Abrechnungsprüfung feststellt, dass bereits eine Überzahlung vorliegt. Demgemäß hat der AG einen vertraglichen Anspruch auf Rückzahlung. Das Ergebnis ist, dass ein Anspruch des AN auf Teile seiner Rechnung bereits erloschen ist. Im Idealfall, sowohl für den AG wie für den AN, ist die Schlussrechnungsstellung dem Grunde nach berechtigt und fällig, prüffähig, inhaltlich korrekt und gibt dem AG keinerlei Gelegenheit zur Beanstandung.

Die Art und Weise wie der AG sein Ergebnis mitteilt ist weder in der VOB noch im BGB festgeschrieben. Es lohnt sich jedoch in Bezug auf eine lückenlose Dokumentation, die Information schriftlich zu überbringen. Eine Pflicht besteht lediglich darin, im Anschluss die Zahlung zu tätigen.[115]

Ein weiters Beispielergebnis kann zudem sein, dass der AG im Zuge der Prüfung eine Überzahlung feststellt. Hierbei ist infolgedessen *„der überzahlte Betrag schriftlich zurückgefordert. Dabei ist dem Auftragnehmer zu erklären, dass keine weiteren Zahlungen geleistet werden"*[116]

[115] Vgl. Börgers, in Würfele et al., Kap. 6, Rn 867–868.

[116] Vergabe- und Vertragshandbuch für die Baumaßnahmen des Bundes (VHB), Ausgabe 2017, Richtlinie 400, S. 8.

8 Übersicht der relevanten Kriterien und Inhalte hinsichtlich Kündigung

Wie den vorangegangenen Kapiteln zu entnehmen ist, ist die Schlussrechnungsstellung durch den AN ein komplexes Thema. Die Gesetzgebung hat einen Rahmen zur Orientierung im Umgang mit der Schlussrechnung geschaffen, welcher durch verschiedene Rechtsprechungen, Hinweisen aus der Fachliteratur etc., gefüllt wird. Dieses Kapitel dient dazu, die vorgestellten Inhalte der Schlussrechnung sowie wesentliche Kriterien hinsichtlich der Kündigung komprimiert vorzustellen.

Die Schlussrechnung im Bauvertrag hat ihren Ursprung im § 14 UstG, den §§ 14 und 16 VOB/B sowie im § 650 g BGB. Im Zusammenhang mit dem § 14 Abs. 2 S. 1 Nr. 1 UstG besteht eine Pflicht des AN zur Rechnungsstellung nach Fertigstellung, was im weiteren Sinne dazu führt, die Schlussrechnungsstellung als Nebenpflicht des AN zu deklarieren. Diese Pflicht ist damit direkt auf den Kündigungsfall übertragbar, obwohl es keinen expliziten Verweis dazu in der Gesetzgebung gibt. Durch die Schlussrechnung soll der AG in die Lage versetzt werden, die Berechtigung der Forderung zu prüfen und sein Werk final abzurechnen. Liegt kein Pauschalpreisvertrag vor, erlangt er bei einem Einheitspreisvertrag mit der Schlussrechnung erst die Klarheit über die tatsächlichen Kosten des Werks. Im Zuge der Kündigung nimmt dieses Wissen auch für einen Pauschalpreisvertrag eine übergeordnete Rolle ein. Dabei muss festgestellt werden, welche Leistungen bis zu Kündigung erbracht wurden und ob etwaige weitere Ansprüche des AN bestehen. Welche Leistungen und Ansprüche nach Kündigung bestehen, ist dabei abhängig von der jeweiligen Kündigungsform gemäß BGB bzw. VOB/B. Im Gegensatz zu den allgemeinen festgehaltenen Zeitpunkten zur Schlussrechnungsstellung, wird das Zeitintervall nach Kündigung anders definiert. Ein Ansatz bietet dabei der § 8 Abs. 7 VOB/B mit dem Hinweis, dass eine prüfbare Rechnung unverzüglich über die erbrachten Leistungen vorgelegt werden soll. Grundsätzlich kann davon ausgegangen werden, dass der AN ein großes Interesse daran hat, seine Leistung nach Kündigung alsbald abzurechnen. Geschieht dies jedoch nicht, kann der AG gemäß

© Der/die Autor(en), exklusiv lizenziert an Springer Fachmedien Wiesbaden GmbH, ein Teil von Springer Nature 2024

M. Linnemann et al., *Kündigungsvergütung von Bauverträgen*,
https://doi.org/10.1007/978-3-658-42892-1_8

VOB/B eine Abrechnung selbst erstellen. Eine entsprechende Vorgabe dazu findet sich jedoch lediglich dort in § 14 VOB/B und nicht formuliert im BGB. Der Zeitpunkt der Schlussrechnungsstellung ist dahingehend relevant, dass die dreijährige Verjährung gemäß § 199 Abs. 1 BGB mit dem Schluss des Jahres beginnt, in dem die Rechnung gestellt wird.

Zur Fälligkeit des Werklohns nach Kündigung wird die allgemeine Vorgabe der Abnahme übernommen. Diese wird ebenfalls in einzelnen Kündigungsmöglichkeiten explizit vorgegeben bzw. als Forderung des AN oder AG nach Kündigung formuliert. Weiterhin wird der Werklohn nach Zugang einer prüffähigen Schlussrechnung fällig. An dieser Stelle muss jedoch zwischen dem alten und dem neuen Bauvertragsrecht unterschieden werden, da für Verträge bis zum 31.12.2017 einzig die Abnahme als Fälligkeitsvoraussetzung definiert wurde. Die Prüffähigkeit der Schlussrechnung wird nicht zwingend als Fälligkeitsvoraussetzung vermerkt, da sie in Einzelfällen, beispielsweise im Zuge der Überschreitung der Prüffrist, hinfällig wird. Ohne prüfbare Abrechnung der erbrachten Leistungen hat der AN jedoch auch keinen Anspruch auf Fälligkeitszinsen, welche nach fruchtlosem Ablauf der Fristen gemäß VOB/B und BGB dem AG zu Lasten gelegt werden können. Die Prüffrist bildet den zeitlichen Rahmen für die Prüfung der Kündigungsabrechnung durch den AG. Innerhalb dieser Zeitspanne kann er die Prüffähigkeit der Rechnung substantiiert rügen. Tut er dies nicht in gegebener Zeit, kann er sich später nicht auf die fehlende Prüffähigkeit berufen und die Rechnung wird fällig. Es ist dabei einschränkend zu berücksichtigen, dass die Fälligkeit nicht mit der Berechtigung gleichzusetzen ist. Auch nach Fristablauf ist eine Sachprüfung der Schlussrechnung durch den AG vorzunehmen.

Ist die Frist noch nicht abgelaufen und der AG prüft die Schlussrechnung entsprechend, kann er sich an den Vorgaben nach § 14 VOB/B bzw. § 650 g BGB orientieren. Übersichtlichkeit und Nachvollziehbarkeit für den AG stehen mit im Vordergrund, da er auf Basis der ihm zuzurechnenden fachlichen Kompetenz in der Lage sein muss, die Forderungen auf Basis des Vertrags rasch prüfen zu können. Sein Informations- und Kontrollinteresse erwirkt, dass bestimmte Anforderungen an die Schlussrechnung erfüllt werden müssen. Die Anforderungen an die Schlussrechnung können deshalb variieren. Grundsätzliche Vorgaben sind jedoch stets einzuhalten.

Obwohl aus der Schlussrechnung ersichtlich werden soll, dass der AN das Werk final und mit sämtlichen Vergütungsforderungen abrechnen will, ist der AN, entgegen den Wünschen des AG, nicht an seine Schlussrechnung gebunden. Auch im Nachgang muss er die Möglichkeit haben, gerade mit Blick auf die Prüffrist und etwaige Rüge, Informationen nachreichen zu können.

Die Schlussrechnung nach Kündigung kann dabei verschiedene Formen annehmen, wie beispielsweise als Zusammenschluss mehrere Teilschlussrechnungen. Ob eine Bezeichnung wie „Schlussrechnung“ als Titel auf der Schlussrechnung steht ist, dabei irrelevant, da einzig die inhaltliche Bewertung im Vordergrund steht. Diese Inhalte müssen prüfbar dargestellt werden. Es werden demnach detaillierte Angaben zu den Inhalten erforderlich. Unterschiedliche Vorgaben zu den Inhalten werden insbesondere hinsichtlich der Vertragsart definiert. Für einen Pauschalpreisvertrag bestehen demnach andere Vorgaben als für einen Einheitspreisvertrag, bei dem die Abrechnung mit dem LV abgeglichen wird. Der Pauschalpreisvertrag dagegen wird den Fokus in der Schlussrechnung auf bereits erhaltene Abschlagszahlungen legen. Inhaltliche Vorgaben finden sich einzig in der VOB/B und dort beispielhaft anhand eines Einheitspreisvertrags. Unabhängig davon, ob eine Abrechnung nach Fertigstellung vorliegt, oder nach einer Kündigung sind weitere Positionen in der Schlussrechnung darzustellen und der Vergütung gegenzurechnen.

Dazu gehören Nachträge, also Änderungen bzw. Ergänzungen des Vertrags, die gesondert kenntlich zu machen sind. Etwaige Ansprüche aus Bauzeitverlängerungen, Einbehalte, mögliche Verzugszinsen, sowie ebenfalls die Mehrwertsteuer müssen übersichtlich dargestellt werden. Je nach Umfang der Baumaßnahme, Kündigungszeitpunkt und Kündigungsart sind verschiedene inhaltliche Anforderungen relevant und müssen dementsprechend im Einzelfall bewertet werden. Grundsätzlich lässt sich festhalten, dass allgemeingültige Vorgaben bestehen und sich weitere individuelle Anforderungen in den Kontext der Prüfung und Bewertung von Schlussrechnungen einsortieren. Die verschiedenen Bereiche der Schlussrechnung, sei es Fälligkeit, Prüffähigkeit oder inhaltlicher Aufbau, können nicht isoliert betrachtet werden, da sie aufeinander aufbauen bzw. in Abhängigkeit zueinander stehen.

9 Kalkulationsanalyse

Die Kalkulation stellt das Fundament jedes Angebots für eine Bauleistung dar. Im Zuge von Ausschreibungen legen die potenziellen Auftraggeber ein besonderes Augenmerk darauf, welches Unternehmen welchen Preis für die Bauleistung abgibt. Zu welchem Preis ein Unternehmer seine Leistung anbietet, hängt dabei von verschiedenen Faktoren ab. Grundsätzlich steht es dem Bieter frei, auf welche Art er seinen Preis kalkuliert und welche Faktoren er in die Kalkulation einfließen lässt. Ebenfalls kann der Leistungsumfang oder auch die Größe des Unternehmens Einfluss darauf nehmen. In diesem Kapitel sollen die grundlegenden Kalkulationsverfahren mit ihren einzelnen Kostenbestandteilen vorgestellt werden und welche Bedeutung sie für die spätere Schlussrechnungsprüfung haben.

Dafür werden folgende zwei Punkte in diesem Kapitel näher erläutert:

- Grundlagen der Angebotskalkulation durch den AN
- Gegenüberstellung der verschiedenen Kalkulationsverfahren
- Einfluss der Kalkulation auf die Prüfung und Bewertung von Schlussrechnungen

9.1 Allgemeines zur Kalkulation von Bauleistungen

Um einen neuen Auftrag im Rahmen der Ausschreibung und Vergabe zu erhalten, stellt der Unternehmer alle erforderlichen Unterlagen zusammen, damit ein Angebot für einen potenziellen Bauauftrag abgegeben werden kann. Diese **Angebotskalkulation** basiert auf den geplanten Auftragskosten nebst weiterer Zuschläge. Sie wird vor der angestrebten Beauftragung erstellt und hat zum Ziel, die angenommene Höhe der Kosten für den ausgeschriebenen Bauauftrag in einem auskömmlichen Preis widerzuspiegeln. Die geplanten Auftragskosten können im Verlauf des Vergabeverfahrens im Rahmen

© Der/die Autor(en), exklusiv lizenziert an Springer Fachmedien Wiesbaden GmbH, ein Teil von Springer Nature 2024

M. Linnemann et al., *Kündigungsvergütung von Bauverträgen*,
https://doi.org/10.1007/978-3-658-42892-1_9

von Verhandlungen zwischen den Parteien abgeändert werden, bevor die angestrebte Beauftragung erfolgt und aus der Angebotskalkulation unter Berücksichtigung der zwischenzeitlichen Ergänzungen bzw. Anpassungen eine **Auftragskalkulation** entsteht. Der Begriff der **„Urkalkulation“** kann dabei zweierlei bedeuten: Entweder die Angebots- oder die Auftragskalkulation. Wird bereits mit der Abgabe eines Angebots die Urkalkulation verlangt, handelt es sich demnach um die Angebots-Ur-Kalkulation. Andererseits kann auch im Zuge der Zuschlagserteilung eine nachzureichende Urkalkulation verlangt werden und demnach ist eine fortgeschriebene Auftrags-Ur-kalkulation vorzulegen.[1] Eine wesentliche Bedeutung erfährt die Urkalkulation hinsichtlich des Nachtragsmanagements, da hier eine Nachtragskalkulation nach Vertragsabschluss zur Berechnung etwaiger Ansprüche, beispielsweise aus § 642 BGB, erforderlich ist.[2] Ein späterer Rückgriff auf die fortgeschriebene Urkalkulation gemäß § 650c BGB kann erfolgen, sofern diese auch vereinbarungsgemäß hinterlegt wurde. Umso mehr gilt es also sich darüber bewusst zu sein, welche Variante der Urkalkulation vereinbart ist.

Eine verbindliche Vorgabe zur Kalkulationsmethodik findet sich weder im BGB noch in der VOB, welche sich primär an den öffentlichen AG richtet. Gerhard Opitz veröffentlichte 1940 das Buch *„Selbstkostenermittlung für Bauarbeiten“*, wobei sich die darin vorgestellten Strukturen für die Kalkulation bis heute durchgesetzt haben.[3] Im Zuge der Kalkulation werden zwei Methoden unterschieden. Einerseits gibt es die Methode der **Zuschlagskalkulation,** andererseits die Methode der **Umlagekalkulation**. Unabhängig davon, welche Kalkulationsmethode Anwendung findet, steht die Ermittlung der Einzelkosten der Teilleistungen (EkT) systematisch an erster Stelle. Darauf aufbauend ist dann zu entscheiden, nach welcher Methode Zuschläge ermittelt werden.[4]

Bei der Zuschlagskalkulation werden sodann definierte *„feste Zuschlagssätze für den Deckungsanteil (Baustellengemeinkosten, Allgemeine Geschäftskosten, Gewinn einschließlich Wagnis) zugeschlagen.“*[5] Bei größeren öffentlichen Vergaben fragt der öffentlichen AG im Rahmen eines Vergabeverfahrens für die Angebotsunterlagen erforderliche Angaben dazu ab. Für solche Abfragen stehen sogenannte Einheitliche Formblätter (EFB) für die Angebotskalkulation zur Verfügung. Diese können dem *„Vergabe- und Vertragshandbuch für die Baumaßnahmen des Bundes“* (kurz: VHB – Bund, oder VHB)) des Bundesministeriums für Wohnen, Stadtentwicklung und Bauwesen entnommen werden.

---

[1] Vgl. Roquette/Viering/Leupertz in Handbuch Bauzeit, 4. Auflage 2021, Teil 1, Rn 320 ff.

[2] Vgl. Brieskorn/Stamm in Die vergaberechtliche Renaissance der Urkalkulation und deren Bedeutung für das Nachtragsmanagement, NZBau 2008, 414–420.

[3] Kapellmann, in Kappelmann/Messerschmidt VOB-Kommentar, Teil A/B 7. Auflage, VOB/B § 2 Vergütung, Rn 238.

[4] Vgl. Roquette et al., Teil 1, Rn 390–395.

[5] Kapellmann et al., VOB/B § 2 Vergütung, Rn. 239.

Das EFB 221 (Preisermittlung bei Zuschlagskalkulation) dient für die Kalkulation mit vorbestimmten Zuschlägen und macht diese für den AG transparent und somit nachvollziehbar. Dieses EFB enthält:

- Angaben über den Verrechnungslohn,
- Zuschläge auf die Einzelkosten der Teilleistungen (= unmittelbare Herstellungskosten),
- Ermittlung der Angebotssumme

Das Resultat daraus ist die Angebotssumme netto, also ohne Umsatzsteuer.

Die Methodik der Umlagekalkulation beruht darauf, dass die EkT mit *„möglichst konkret ermittelten Baustellengemeinkosten und periodisch geplanten Allgemeinen Geschäftskosten, dazu mit Gewinn (einschließlich Wagnis)“*[6] beaufschlagt werden. Es wird eine projektspezifische Ermittlung der Gemeinkosten der Baustelle durchgeführt. Für diese Kalkulation steht das EFB 222 (Preisermittlung bei Kalkulation über die Endsumme) zur Verfügung. Dieses Formblatt enthält:

- Angaben zum Verrechnungslohn,
- Ermittlung der Angebotssumme,
- Zusammensetzung der Umlagesummen

und schließt mit der Angebotssumme ohne Umsatzsteuer ab.[7]

Sachlogisch kann der AN nur auf eines der beiden Formblätter zurückgreifen, entweder EFB 221 oder EFB 222, je nachdem wie er intern kalkuliert. Sowohl AG wie auch AN sollten demzufolge darauf achten, dass im Zuge einer Angebotsabgabe nicht beide EFB gleichzeitig verlangt/vorgelegt werden.

Das EFB 223 zur Aufgliederung der Einheitspreise kann im Übrigen keine Urkalkulation ersetzen. Dort werden zwar im Falle einer voraussichtlichen (Netto-) Auftragssumme von über 100.000 € nicht nur die den Preis bestimmenden und insofern maßgeblichen Positionen, sondern sämtliche Positionen vorgegeben. Da dort zwar positionsweise die Teilkosten für Löhne, Stoffe, Geräte und Sonstiges aufzugliedern sind, aber diese bereits bezuschlagt sind und vor allem – zumindest potenziell – mehrere Einzelwerte beinhalten, ist im Falle einer kalkulatorischen Überprüfung von Nachtragsangeboten die erforderliche Detailtiefe nicht vorhanden. Bei Teilleistungen, in denen mehrere Geräte einkalkuliert werden, sind diese – im Gegensatz zu einer Urkalkulation – nicht ausreichend differenziert dargestellt. Insofern ist eine darauf basierende

[6] Kapellmann et al., VOB/B § 2 Vergütung, Rn. 239.

[7] Vgl. VHB Vergabe- und Vertragshandbuch für die Baumaßnahmen des Bundes, VHB-Bund, Ausgabe 2017. Stand 2019, Formblatt 222.

Abb. 9.1 Zusammensetzung des Einheitspreises

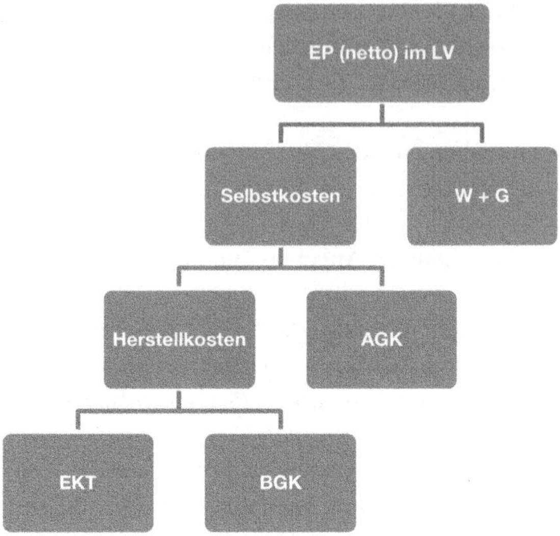

Überprüfung von gerätespezifischen Vorhaltekosten mit den Angaben aus dem EFB 223 nicht möglich.

9.2 Bestandteile der Kalkulation

In der Angebots- / Auftragskalkulation sind die strukturellen Bestandteile der Kalkulation zusammengefasst. Zu diesen Bestandteilen gehören neben den Einzelkosten der Teilleistungen (EKT oder auch EkdT) die bereits genannten Baustellengemeinkosten (BGK, oder auch „Gemeinkosten der Baustelle", GkdB oder GdB), die Allgemeinen Geschäftskosten (AGK) sowie Wagnis und Gewinn (W + G).[8]

Abb. 9.1 stellt dabei die Zusammenhänge bzw. Stufen der Kalkulation dar, und zeigt auf, wie sich der Einheitspreis einer Angebotssumme für einen Bauauftrag zusammensetzt.

Die Einzelkosten der Teilleistung (EKT) stellen die Kosten dar, welche bei der Leistungserbringung einer Teilleistung (Position) direkt zugeordnet werden können. Zu den EKT gehören u. a. die Kostenarten Lohn, Material, Geräte und Nachunternehmer. Dies ist abhängig von der Kostenstruktur im jeweiligen Unternehmen und auch von den Projektspezifika und kann individuell stark variieren, da teilweise auch eine separate

[8] Vgl. Roquette et al., Teil 1, Rn 325 ff.

Erfassung von Kosten für Schalung/Rüstung vorgenommen wird.[9] Nicht selten werden diese auch unter „Sonstige Kosten" subsumiert.

Die Lohnkosten umfassen Kosten, welche aus der Beschäftigung der Mitarbeiter resultieren. Sie werden in sich noch in weitere Kostenbestandteile den Mittellohn, Lohngebundene Kosten und Lohnnebenkosten unterteilt. Diese drei Bestandteile ergeben wiederum den Kalkulationslohn. Darauf erfolgt noch ein Gesamtzuschlag, welcher schließlich den Verrechnungslohn ergibt. Die grundsätzliche Erfassung der Lohnkosten in der Kalkulation erfolgt in Euro pro Stunde (€/h).[10]

Auf eine differenzierte Betrachtung des Mittellohns hinsichtlich der prinzipiellen oder auch nur anteiligen Integration von Kosten für das Aufsichtspersonal wird an dieser Stelle verzichtet. Es sei lediglich darauf hingewiesen, dass die detaillierte Analyse der Berechnung des Mittellohns darüber Aufschluss gibt, in welchem Umfang der Baustellen-Aufsichtsanteil im Mittellohn – und somit in den Einzelkosten der Teilleistungen (EKT) – oder aber in den Baustellengemeinkosten (BGK) kalkulatorischen Niederschlag gefunden hat.

Die Stoffkosten *„umfassen Kostenbestanteile für Baustoffe, die zu Bestandteilen des Bauwerks werden, und für Bauhilfsstoffe, die in der Regel nicht im Bauwerk verbleiben (z. B. Schal- und Verbaumaterial)"*[11]

Die Gerätekosten umfassen Kosten für beispielsweise Energie, Betriebsstoffe, Kostenansätze für die Reparatur oder Gerätemiete. Diese Kosten können Geräten entsprechend zugeteilt werden. Die Nachunternehmerkosten werden lediglich für den Fall in der Aufstellung aufgeführt, dass solche Kosten durch externe Leistungserbringung entstehen.

Die Sonstigen Kosten sind Kosten die den anderen genannten Kostengruppen nicht zugeordnet werden, jedoch ebenfalls den Leistungspositionen direkt zugeordnet werden können. Diese entstehen u. a. aufgrund von Eigenheiten der jeweiligen Baustelle.[12]

Die Zuschläge auf die EKT, d. h. BGK, AGK sowie W + G, werden auch „Deckungsbeiträge" genannt.

Die Baustellengemeinkosten (BGK) werden nicht direkt einer einzelnen Teilleistung zugeordnet, entstehen dennoch im Rahmen einer definierten Baustelle, und sind für dessen Betrieb erforderlich, beispielsweise Kran, Container, Bauzaun, Baustraße. Des Weiteren sind auch Kosten der Nebenleistungen, die durch den AN für den Bauauftrag ausgeführt werden und nicht gesondert vertraglich erwähnt werden, zu berück-

[9] Vgl. Roquette et al., Teil 1, Rn 326.

[10] Vgl. VHB Vergabe- und Vertragshandbuch für die Baumaßnahmen des Bundes, VHB-Bund, Ausgabe 2017, Formblatt 222.

[11] Leitfaden zur Vergütung von Nachträgen, VHB Bund – Ausgabe 2017, Leitfaden zur Vergütung bei Nachträgen Formblatt 510, S. 10, 4.2.1.

[12] Vgl. Leitfaden zur Vergütung von Nachträgen, VHB Bund – Ausgabe 2017 – Stand 2019, Leitfaden zur Vergütung bei Nachträgen Formblatt 510, S. 10, 4.4.

sichtigen. Solche ergeben sich beispielsweise aus den Allgemeinen Technischen Vertragsbedingungen (VOB/C) oder der gewerblichen Verkehrssitte. Folgende Kosten werden häufig unter den BGK aufgeführt:

- Kosten der Baustelleneinrichtung (Einrichtung, Vorhaltung, Transport – und Ladekosten, etc.)
- Kosten für Bauhilfsstoffe und Betriebsstoffe
- Kosten für die örtliche Bauleitung und die technische Bearbeitung/Kontrolle
- Kosten für Kleingeräte, Werkzeuge, etc.

Für die Kalkulation einer Baumaßnahme werden die BGK in ihre erforderlichen Einheiten aufgegliedert und der jeweilige Betrag pro Monat und anschließend mit der Dauer des Bauvorhabens berechnet. Die BGK werden mittels eines Umlagesatzes in Prozent auf die EKT aufgeschlagen. Wie der oben dargestellten Grafik entnommen werden kann, bildet die Gesamtsumme der EKT und der BGK die „Herstellkosten" (HK).

Für die Ermittlung der „Selbstkosten" (SK) sind zudem auch die Allgemeinen Geschäftskosten (AGK) einzukalkulieren. Die AGK werden weder einer spezifischen Baustelle zugeordnet, noch werden sie einzelnen Teilleistungen zugeschrieben. Sie entstehen insgesamt als Kosten für den allgemeinen Geschäftsbetrieb im Unternehmen des AN. Zu den AGK zählen folgende Kosten:

- Kosten der Geschäftsführung/Unternehmensleitung, Verwaltung/Büro, Bauhof
- Freiwillige soziale Aufwendungen
- Mieten, Unterhaltungskosten der Geschäftsgebäude, Werkstätten, Fuhrpark, etc.
- Versicherungskosten (die nicht einzelne Baustellen betreffen), Steuern, Finanzierungskosten, etc.
- Kosten für Marketing, Werbung, Sponsoring, Imagepflege
- Rechtsberatung, Steuerberater[13]

„Die AGK werden in der Regel jährlich als Prozentsatz in Bezug auf die erbrachte Jahresbauleistung bzw. den Umsatz ermittelt und in der Größenordnung bei den einzelnen Preisermittlungen zugrunde gelegt".[14] Die Umlage dieser Gemeinkosten erfolgt prozentual auf die Herstellkosten.

Der Prozentsatz für AGK liegt im Schnitt bei 8–12 %.[15] An dieser Stelle wurden noch keine EP ermittelt. Der Zuschlag für Wagnis und Gewinn (W + G) komplettiert die Preisbildung und wird analog zu den BGK und AGK als Zuschlagssatz prozentual auf

[13] Vgl. Roquette et al., Teil 1, Rn 377.

[14] Leitfaden zur Vergütung von Nachträgen, VHB Bund – Ausgabe 2017, Leitfaden zur Vergütung bei Nachträge Formblatt 510, S. 11, 4.7.

[15] Vgl. Roquette et al., Teil 1, Rn 411.

die Selbstkosten aufgeschlagen. W + G sind keine voneinander getrennten Begriffe und entsprechen eher einem Gewinnzuschlag, der einen Wagnisanteil enthält. Sie werden teilweise als ein Prozentsatz zusammengefasst.[16]

Der Begriff des „Wagnis" ist negativ behaftet und charakterisiert die Verlustgefahren des Unternehmertums, u. a. bedingt durch Unsicherheitsfaktoren aus sich möglicherweise realisierenden Risiken. Der AN muss Risiken einkalkulieren. Es gilt grundsätzlich zwei verschiedene Arten von Wagnissen zu unterscheiden. Dazu zählen die quantifizierbaren – im Wesentlichen projektbezogenen – Wagnisse, die auch versicherbar sind, sowie das allgemeine Unternehmerwagnis. Eine intensivere Betrachtung dieser Differenzierung wird an dieser Stelle nicht vorgenommen. Der „Gewinn" schließlich dient dazu spätere Investitionen verwirklichen zu können und das Fortbestehen des Unternehmens zu sichern. Im Falle sich realisierender Unternehmerischer Risiken, wird dieser Gewinn jedoch aufgezehrt. W + G werden üblicherweise umsatzabhängige prozentual beziffert.[17]

Auf Basis der vorgestellten Systematik ergibt sich somit, dass die Größenordnung für W + G im Regelfall die marktabhängige Einschätzung des Kalkulators widerspiegelt. Es handelt sich ohnehin nicht um „Kosten" im eigentlichen Sinne, sondern um einen ergänzenden „Preisbestandteil".

Die Struktur von Einheitspreisverträgen basiert darauf, dass den einzelnen Positionen des LV jeweils ein Einheitspreis (EP) zugeordnet wird. Dieser EP wird mit der im LV enthaltenen auszuführenden Menge (Vordersatz) multipliziert und ergibt den Gesamtpreis (GP) dieser Position. Damit erhält jede Teilleistung eine entsprechende Vergütung, deren Summen abschließend den Angebotspreis (netto) darstellen.

Bei einem Pauschalpreisvertrag wird die Vertragsleistung als pauschale Gesamtsumme angeboten, und die Vergütung wird nicht einzelnen Teilleistungen differenziert zugeordnet. Unabhängig davon muss die zu erbringende Leistung dennoch angemessen bestimmt und mit der Pauschalvergütung erfolgreich verknüpft werden. Wie bereits in Abschn. 6.3 erwähnt, ist die Leistungsbeschreibung im Detail-Pauschalvertrag derjenigen eines Einheitspreisvertrages mit LV vergleichbar. Damit ist die Leistung zwar detailliert indes in der Vergütung pauschaliert. Der Global-Pauschalvertrag pauschaliert beide Aspekte, sowohl die Leistungsbeschreibung als auch die Vergütung, und liegt oftmals als sogenannte „funktionale Beschreibung" vor. Diese Art des Vertrags lässt einen entsprechenden Gestaltungsspielraum für den AN, um seinen Werkerfolg zu erzielen. Im Zuge von Pauschalpreisverträgen werden vielfach Abschlagszahlungen über die Zeit der Leistungserbringung im Sinne eines Zahlungsplans vereinbart. Der Anspruch auf Abschlagszahlungen wird, wie in Kap. 6 erwähnt, im § 632a BGB sowie bei Einbeziehung der VOB im § 16 Abs. 1 Nr. 1 VOB/B formuliert. Beide Regelungen

---

[16] Im VHB wird in den EFB 221 und 222 aufgeteilt zwischen: Gewinn, betriebsbezogenem Wagnis und leistungsbezogenem Wagnis – also 3 Begriffe/Gruppen/Prozentwerte.

[17] Vgl. Roquette et al., Teil 1, Rn 379–382.

orientieren sich dabei an dem Wertzuwachs für den AG. Im Detail bedeutet dies, *„dass Abschlagszahlungen in Höhe des Wertes der erbrachten Leistungen zu leisten sind (wobei der Wert der erbrachten Leistungen wie nach § 16 Abs. 1 VOB/B auf der Grundlage der vertraglichen Vergütungsvereinbarung zu ermitteln ist) und dass der Anspruch auf Abschlagszahlungen nicht etwas nur in Höhe einer objektiven Verkehrswerterhöhung besteht.“*[18] Ein Zahlungsplan dient dabei einer systematischen Strukturierung nach der die Abschlagszahlungen erfolgen sollen. Für die Verbindlichkeit ist zudem eine explizite vertragliche Vereinbarung eines solchen Zahlungsplans erforderlich.[19]

Diese Darstellung der Kalkulationssystematik ist nicht abschließend. Grund dafür ist nicht zuletzt, dass es keine rechtlichen Vorgaben zur Kalkulationserstellung gibt. Weder das BGB noch die VOB nennt eindeutige und verbindliche Regelungen unter den entsprechenden Paragrafen. Verdeutlicht wird dies regelmäßig in der Rechtsprechung bezüglich der Kalkulationsfreiheit des AN, wie beispielsweise durch den BGH am 18.12.2008[20] mit dem expliziten Hinweis, es stehe *„einem Unternehmer grundsätzlich frei, wie er seine Preise kalkuliert.“* Dementsprechend kann sich der AG im Zuge von Vergabeverfahren nicht darauf berufen, dass eine Kalkulation nicht seinen Vorstellungen entspreche und er diese deshalb zurückweisen könne. Liegen keine wirksam in den Vertrag einbezogene Vereinbarung zwischen den Vertragsparteien vor, liegt es allein im Verantwortungsbereich des AN, wie er seine Leistung anbietet.[21]

9.3 Bedeutung der Kalkulation für die Prüfung und Bewertung der Schlussrechnung im Kündigungsfall

Im Zuge der Schlussrechnungsprüfung infolge einer Kündigung nimmt die Kalkulationsanalyse eine herausragende Stellung ein. Dabei wird die Kalkulation des AN für die Baumaßnahme im ersten Schritt auf Schlüssigkeit sowie rechnerische und fachtechnische Richtigkeit überprüft.

Ziel ist es, daran anschließend anhand der Kalkulation die angegebenen Werte aus der Schlussrechnung überprüfen zu können. Hierbei wird stets ein Abgleich mit vertraglichen Aspekten hinsichtlich ihrer kalkulatorischen Relevanz vorgenommen. Dabei kann beispielsweise die vertragliche Vereinbarung von Preisgleitklauseln, differenziert in Stoff- und Lohngleitklauseln, von Bedeutung sein, da dies bei der Prüfung der Schlussrechnung zwingend berücksichtigt werden muss. Diese Gleitklauseln haben dabei den Zweck, die Risiken einer zwischenzeitlichen Kostensteigerung zu verlagern. Als Praxisbeispiel können dafür die gestiegenen Preise für Holz und Stahl während der

[18] Börgers/Jung, in Würfele et al., Kap. 3, Rn 377–378.

[19] Vgl. Börgers, in Würfele et al.,, Kap. 6, Rn 793.

[20] BGH, Urt. v. 18.12.2008 – VII ZR 201/06 (OLG Jena), NZBau 2009, 232.

[21] Vgl. Kues, in Nicklisch et al., VOB/B § 2 Vergütung, Rn 140, 141.

Corona-Pandemie herangezogen werden. Gemäß den Mitteilungen des Statistischen Bundesamtes waren beispielsweise die Preise für Betonstahl in Stäben im Mai 2021 im Verhältnis zum Vorjahr um 44,3 % teurer.[22] Je nachdem, zu welchem Zeitpunkt der Vertrag geschlossen wurde, bzw. die diesem Vertrag zugrunde gelegte Kalkulation erstellt wurde, war eine solche Preisentwicklung in der Beschaffung der Materialien für den AN unvorhersehbar. Für den Umgang mit Verträgen in Zeiten einer nicht kalkulierbaren Zukunft einerseits, und das sichere Handling mit dem Ausnahmezustand der „höheren Gewalt" andererseits, aber insbesondere für die Chancen eines partnerschaftlichen Umgangs unter den Vertragspartnern wird an dieser Stelle auf entsprechende weiterführende Fachliteratur[23] verwiesen.

[22] https://www.destatis.de/DE/Presse/Pressemitteilungen/2021/07/PD21_N044_61.html (zuletzt abgerufen am 26.11.2021).

[23] Linnemann/Kaltenborn/Viering, Preisexplosion am Bau – Die Zukunft pragmatisch kalkulieren, 2022, Springer Vieweg, Wiesbaden.

Leitfaden zur Kündigungsabrechnung 10

An dieser Stelle werden auf Basis der vorangegangenen Kapitel Kriterien vorgestellt, welche zur Erstellung eines Leitfadens zur Prüfung und Bewertung von Schlussrechnungen herangezogen werden. Neben der eigenen Einschätzung von adäquaten Kriterien werden auch ausgewählte Personen, welche regelmäßig Schlussrechnungen prüfen hinsichtlich Anforderungen bzw. Kriterien befragt, die sie für einen Leitfaden als relevant erachten. Anschließend wird dieser Pool an Kriterien unterstützend zur Erstellung eines Leitfadens genutzt.

10.1 Kriterien für einen Leitfaden

Anhand der dargestellten Komplexität der Thematik der vorzeitigen Vertragsbeendigung und anschließenden Schlussrechnungsstellung wird deutlich, dass sofern ein Leitfaden Anwendung findet, dieser durch seinen Aufbau eine strukturierte Herangehensweise erlauben muss, um die thematische Komplexität zu reduzieren. Die Herausforderung ist es demnach zu analysieren, welche Erwartungen an den Aufbau und den Inhalt eines Leitfadens gestellt werden, damit er anwenderfreundlich genutzt werden kann.

Um diese Anwenderfreundlichkeit sicherstellen zu können, werden auf Grundlage der vorangegangenen Kapitel entsprechende Kriterien für den Aufbau des Leitfadens definiert. Gerade mit Blick auf die Grundsätze der Prüffähigkeit von Schlussrechnungen lassen sich Parallelen hinsichtlich gewählter Kriterien erkennen. Daneben werden die inhaltlichen Aspekte berücksichtigt, damit aus der Fülle an Informationen die Kernaussagen herausgefiltert werden können.

Die Kriterien, welche den Rahmen für die Gestaltung des Leitfadens bilden, werden im Folgenden unterteilt in „strukturelle Kriterien" und „inhaltliche Kriterien".

© Der/die Autor(en), exklusiv lizenziert an Springer Fachmedien Wiesbaden GmbH, ein Teil von Springer Nature 2024

M. Linnemann et al., *Kündigungsvergütung von Bauverträgen*,
https://doi.org/10.1007/978-3-658-42892-1_10

10.2 Strukturelle Kriterien

Als erstes Kriterium wird die „Übersichtlichkeit" in Anlehnung an die Prüffähigkeit der Schlussrechnung gewählt. Übersichtlichkeit bedeutet in dem Fall, dass die grobe Struktur des Leitfadens schnell ersichtlich ist und die verschiedenen Varianten, zum Beispiel zur Kündigungsmöglichkeit, verständlich gegliedert sind. Dies kann zum Beispiel durch den Einsatz von Tabellen oder einer grafischen Aufbereitung des Vorgehens erfolgen. Tabellen können dabei für viele umfangreiche Informationen herangezogen werden, speziell mit Blick auf Regelungen aus der Rechtsprechung und Gesetzgebung. Grafische Erläuterungen an geeigneten Stellen fördern ebenfalls die Übersichtlichkeit, gerade hinsichtlich der Prüffrist inkl. Rüge und Fälligkeit der Schlussrechnung. Hier kann eine Grafik unterstützen dabei die verschiedenen Abfolgen darzustellen.

Das zweite Kriterium, welches zur Gestaltung eines Leitfadens herangezogen wird, ist die „Nachvollziehbarkeit". Die Nachvollziehbarkeit wird dabei primär für die Abfolge der Arbeitsschritte gewählt. Dabei wird die systematische Herangehensweise *vom Groben ins Feine* verfolgt, wobei mit einem Gesamtüberblick über die Unterlagen gestartet wird und weitere Schritte den Verlauf des Vertragsverhältnisses aufeinander aufbauend abdecken, bis hin zur Schlussrechnung selbst. Juristische Vorkenntnisse des Nutzers des Leitfadens dürfen dabei keine erforderlichen Voraussetzungen darstellen.

Das dritte gewählte Kriterium ist die „Einfachheit". Der Leitfaden soll selbsterklärend aufgebaut sein und verständlich in der Anwendung. Die Einfachheit zielt darauf ab, dass unterschiedliche Zielgruppen mit unterschiedlichen Zielvorstellungen sowie fachlicher Kompetenz damit arbeiten können. Der AG möchte die Schlussrechnung beispielsweise schnell und sicher prüfen sowie sicherstellen, dass er den AN nicht überzahlt. Dem gegenüber steht das Interesse des AN, eine prüfbare, rechnerisch richtige und seiner erbrachten Leistung entsprechende Schlussrechnung zu stellen. Im Vordergrund wird für ihn stehen, dass die Kündigungsvergütung auf Basis der Schlussrechnung unkompliziert bezahlt wird. Neben diesen zwei Zielgruppen kann regelmäßig auch eine dritte Partei zur Prüfung und Bewertung herangezogen werden. Hier wird möglicherweise die Position einer Vertragspartei unterstütz oder es wird eine gänzlich unabhängige Partei beauftragt. Die Anwendung eines neutral einsetzbaren Leitfadens ist hierbei zielführend.

10.3 Inhaltliche Kriterien

Neben den strukturellen Kriterien werden ebenfalls solche Kriterien erforderlich, welche den Inhalt des Leitfadens bestimmen. Dazu wird das Kriterium „Ganzheitliche Betrachtung" gewählt. Der gesamte Zyklus des Vertragsverhältnisses, beginnend bei der Vertragsgestaltung, über das beanspruchte Kündigungsrecht der jeweiligen Vertragspartei mit der zugehörigen Abrechnungsthematik, hin zur Aufschlüsselung der Schlussrechnung sollen berücksichtigt werden. Das bedeutet, dass der Fokus nicht nur auf die Schlussrechnung gelegt wird, sondern auch Vertragsinhalte beispielsweise hinsichtlich der Abrechnung in die Prüfung bereits mit einfließen. Das Kriterium soll weiterhin darin bestärken die Unterlagen kritisch zu hinterfragen. Möglicherweise kann an einzelnen Punkten beispielsweise hinsichtlich der Fälligkeit von Schlussrechnungen frühzeitig erkannt werden, ob ein grundsätzlicher Anspruch der AN auf Werklohn besteht.

Ein weiteres Kriterium stellen die „Grundsätze" dar. Der Anwender des Leitfadens sollte im Idealfall leicht ersichtlich prüfen können, ob für den vereinbarten Vertragstyp die adäquate Abrechnung vorgenommen wurde. Gerade die verschiedenen Abrechnungsmöglichkeiten der Kündigung eines Einheits- oder Pauschalpreisvertrags können durch formulierte Grundsätze veranschaulicht werden. Dazu kann einerseits zählen, dass bei geringfügiger Restleistung des AN die Abrechnung ausnahmsweise „von oben nach unten" erfolgen kann oder andererseits, dass die AGK in den ersparten Aufwendungen nicht zu berücksichtigen sind. Das Kriterium wird auch eine Anwendung hinsichtlich der Prüfbarkeit von Schlussrechnungen finden, indem an geeigneter Stelle eine Auflistung wiedergeben wird, unter welchen Bedingungen eine Schlussrechnung prüfbar ist.

Des Weiteren wird das Kriterium „Vollständigkeit" gewählt, damit für die Anwender ersichtlich wird, welche Unterlagen vorliegen müssen, damit die AG-Seite eine Schlussrechnung nach Kündigung adäquat prüfen kann. Je nachdem welche Kostenpositionen in der Schlussrechnung aufgeführt werden, sind entsprechende Nachweise erforderlich. Zur Beurteilung vertraglich vereinbarter Nachlässe, wird der Vertrag vorgelegt werden müssen. Werden Abschlagszahlungen in der Schlussrechnung aufgeführt, wird ein potenziell vereinbarter zugehöriger Zahlungsplan als Nachweis erforderlich. Gerade für die Beurteilung der Kündigungsthematik sind solche zugehörigen Unterlagen notwendig.

Zum Kriterium „Kündigung im Fokus" wird gezählt, dass der Schwerpunkt des Leitfadens auf die vorzeitige Vertragsbeendigung gelegt wird. Eine Übersicht zu den verschiedenen Kündigungsmöglichkeiten und ihren Rechtsfolgen soll Sicherheit in der Bewertung der Abrechnung geben. Dazu gehören ebenfalls der Schriftverkehr sowie Dokumente der Vertragsparteien aus denen ersichtlich wird, unter welchen Bedingungen die Vertragsbeendigung vorgenommen wurde. Aus der Dokumentation kann bestimmt werden, ob im Vorfeld kündigungsrelevante Fristen gesetzt wurden oder weiterer Austausch beispielsweise zur Mitwirkungsaufforderung oder Aufforderung zur Stellung einer Sicherheit stattfand. Möglicherweise lassen sich frühzeitig Informationen herausfiltern, die darauf hinweisen, dass möglicherweise bereits die Kündigung als solche unwirksam ist.

Das Kriterium „Stetige Weiterentwicklung" soll Anstoß dazu geben, infolge der Nutzung des Leitfadens, eigene Herangehensweisen bzgl. Vertragsgestaltung, -beendigung oder das Miteinander der am Bau Beteiligten zu hinterfragen. Das könnte beispielsweise dazu beitragen, frühzeitig kritische Situationen zu erkennen und

Tab. 10.1 Übersicht Kriterien für den Leitfaden anhand Ausarbeitung

Strukturelle Kriterien:
Übersichtlichkeit, Nachvollziehbarkeit, Einfachheit
Inhaltliche Kriterien:
Ganzheitliche Betrachtung, Grundsätze, Vollständigkeit, Kündigung im Fokus, Stetige Weiterentwicklung

gemeinsame „Spielregeln" für die Kommunikation zu formulieren, um vorzeitigen Vertragsbeendigungen entgegenzuwirken. Ebenso können klare vertragliche Vereinbarungen dazu beitragen, Unklarheiten zur Art und Weise der Schlussrechnungsstellung und Abrechnung entgegenzuwirken.

Abschließend lassen sich für die Gestaltung des Leitfadens infolge der vorangegangenen Kapitel die in Tab. 10.1 dargestellten Kriterien festhalten:

10.4 Struktureller Aufbau und inhaltliche Erläuterung des Leitfadens

Auf Basis der gewählten Kriterien zur Erstellung eines Leitfadens und der gesammelten Informationen aus den Kapiteln vorab, wird im Folgenden Schritt für Schritt der Aufbau und Inhalt des Leitfadens erläutert. Dabei wird anhand einer grafischen Darstellung das Gerüst des Leitfadens vorgestellt und um Erklärungen zu den Inhalten ergänzt. Daran anschließend wird der erstellte Leitfaden als eigenständiges Dokument vorgestellt. Das Ziel soll es dabei sein, durch Anwendung des Leitfadens den Vertragsparteien ein Werkzeug an die Hand geben zu können, um bereits frühzeitig klare Erkenntnisse für die Abwicklung einer möglichen Kündigungsvergütung zu erlangen und entsprechend zu nutzen.

Die Abb. 10.1 stellt den Aufbau des Leitfadens dar, wobei ersichtlich wird, dass sich der Aufbau an einer ganzheitlichen Betrachtung der Prüfung orientiert. Für die Prüfung und Bewertung der Kündigungsvergütung wird eine Betrachtung in Prüfschritten beginnend bei einer ersten Sondierung der Unterlagen vorgenommen. Daran schließen die formale Prüfung und die Vertragsanalyse, die Kündigung inkl. Abrechnung sowie die Kalkulation der Leistung bis hin zur Zusammenfassung der Ergebnisse in der inhaltlichen Prüfung der Schlussrechnung an. Diese Betrachtungsweise wurde primär aufgrund der Erkenntnisse aus den vorangegangenen Kapiteln gewählt. Für eine korrekte Prüfung der Kündigungsvergütung ist es empfehlenswert, weder die Kündigung noch die Schlussrechnung isoliert zu betrachten, sondern die jeweiligen Informationen stets im Gesamtkontext zu sehen. Das gewählte Kriterium „vom Groben ins Feine" bezieht sich dabei nicht bloß auf den Gesamtüberblick zu Beginn, sondern erlaubt eine mit jedem Prüfschritt differenziertere aufeinander aufbauende Betrachtung der Vergütungs-

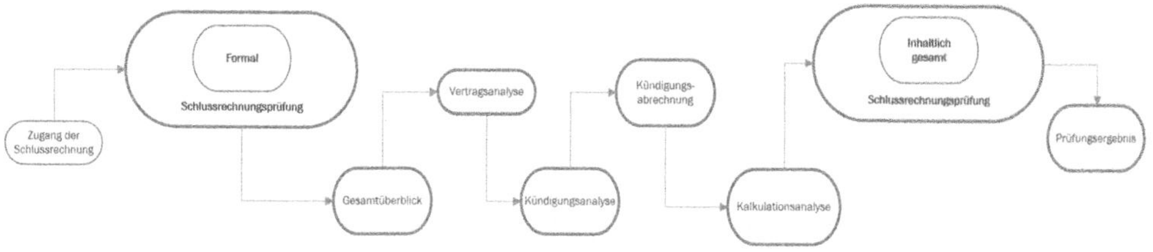

Abb. 10.1 Aufbau eines Leitfadens

forderung. Beginnend mit den grundsätzlichen Voraussetzungen zur Fälligkeit der Schlussrechnung, erfolgt die inhaltliche Prüfung über alle Prüfschritte hinweg. Somit ist der vorletzte Prüfschritt zur Schlussrechnung die Zusammenfassung der vorangegangenen Ergebnisse und die finale inhaltliche Bewertung.

Wie eingangs erläutert erfolgt noch vor dem Gesamtüberblick die erste formale Prüfung der Schlussrechnung. Die formale Prüfung unterteilt sich dabei in die Fälligkeit und in die Prüffähigkeit. Für die Fälligkeit werden die Prämissen der Leistungsabnahme sowie der Zugang der Schlussrechnung definiert. Die Abnahme wird dazu passend weiterhin im Prüfschritt zur Kündigung thematisiert und die vorliegende Schlussrechnung stets über die Prüfschritte hinaus berücksichtigt. Für die Prüffähigkeit findet eine tabellarische Übersicht Anwendung, infolge welcher bewertet werden kann, ob die Schlussrechnung die Anforderungen der Prüffähigkeit erfüllt. Für die Prüfung der Prüffähigkeit steht dem Prüfer eine Prüffrist gemäß BGB und VOB von 30 Tagen, in der VOB/B maximal verlängerbar auf 60 Tage, zur Verfügung. Sind die formalen Voraussetzungen bereits nicht erfüllt, ist die Schlussrechnung gegebenenfalls nicht fällig, oder prüfbar.

Nach Zugang der Schlussrechnung, der zugehörigen Unterlagen und der ersten formalen Prüfung, steht die Schaffung eines Gesamtüberblicks an zweiter Stelle. Dazu sollen die Unterlagen kontrolliert und dahingehend dokumentiert werden, welchen Bezug sie zur Schlussrechnung haben. Das bedeutet, dass die Schlussrechnung zum Abgleich der vorliegenden Unterlagen genutzt wird. Werden beispielsweise Abschlagszahlungen in der Schlussrechnung aufgeführt, ist es erforderlich, dass ein zugehöriger Zahlungsplan beiliegt. Ein Fokus sollte weiterhin darauf liegen den Status quo der Beteiligten zu durchleuchten und dazu Informationen festzuhalten, wer die Vertragsparteien sind und welche Art von Baumaßnahme bzw. Auftrag gekündigt wurde. Für den weiteren Prüfverlauf kann zudem der „Prüfstatus" von Belang sein. Möglicherweise wurde die Schlussrechnung bereits vom AG geprüft, wurde abgewiesen und soll nun infolgedessen durch eine vom AN beauftragte externe Partei (Hilfsperson) erneut geprüft werden. Eine weitere Konstellation erlaubt eine erstmalige Aufstellung der Schlussrechnung durch den AN, um etwaige Unsicherheiten in der Schlussrechnung auszuschließen und die schnelle Prüfung durch den AG zu gewährleisten. Andererseits kann der Leitfaden für die Prüfung und Bewertung durch den AG unterstützend herangezogen werden.

Nach den ersten beiden Prüfschritten folgt die Vertragsanalyse bzw. die Sondierung der Vertragsunterlagen. Hierzu werden der Vertrag und zusätzliche Dokumente, wie beispielsweise zusätzliche Vertragsbedingungen, hinsichtlich verschiedener Fragestellungen analysiert. Dazu gehört primär die Information, ob der Bauvertrag wirksam geschlossen wurde und die Differenzierung der Vertragsart hinsichtlich eines BGB- bzw. VOB-Bauvertrags sowie eines Einheit- oder Pauschalpreisvertrags. Ist bereits bzgl. des Vertrags ersichtlich, dass dieser nicht wirksam vereinbart wurde, wird der AN im schlechtesten Fall auch keinen Werklohnanspruch geltend machen können. Das kann beispielsweise im Zuge der Thematik von Schwarzarbeit wichtig werden. An die Differenzierung eines Einheits- oder Pauschalpreisvertrags schließt die Begutachtung der Leistungsbeschreibung an. Gerade mit Blick auf einen Pauschalpreisvertrag werden die Unterlagen hinsichtlich einer detaillierten oder funktionalen Leistungsbeschreibung untersucht. Liegen wie erwähnt weitere Unterlagen zum Vertrag bei, sollen diese auf etwaige Vorgaben zur Abrechnung oder Schlussrechnungsstellung betrachtet werden, damit diese frühzeitig berücksichtigt werden können. Aus dem Vertrag werden ferner Regelungen zu Nachtragsforderungen, sowie berücksichtigenswerte Positionen, wie beispielsweise Nachlässe, Umlagen, Vertragsstrafen etc., für die weitere Prüfung festgehalten. Auch etwaige Kündigungsklauseln sollen hinsichtlich ihrer Wirksamkeit frühzeitig untersucht werden.

Im Anschluss an die Vertragsanalyse werden die Kündigungsmodalitäten näher beleuchtet. Relevant für die weitere Prüfung, gerade bzgl. der Kündigungsabrechnung, ist die Frage welche Vertragspartei gekündigt hat und welches Kündigungsrecht dafür angewandt wurde. Daran anschließend hat eine Bewertung zu erfolgen, ob die Kündigung auf Grundlage, der dem jeweiligen Bauvertrag zugeordneten Kündigungsrecht und erforderlichen Voraussetzungen wirksam erfolgt ist. Für diese Bewertung wird dem Leitfaden eine tabellarische Übersicht beigefügt, um unkompliziert eine Aussage dazu treffen zu können. Sind die erforderlichen Voraussetzungen zur Kündigung nicht eingehalten worden, wie beispielsweise Schriftlichkeit, Fristsetzung, berechtigter Grund etc., kann die Kündigung möglicherweise wegen Unwirksamkeit abgewiesen werden. Damit wäre die Fortführung der Prüfung an dieser Stelle beendet. Zur Beurteilung der Kündigung sind zusätzliche Unterlagen zu berücksichtigen. Dazu gehört ebenfalls der Schriftverkehr der Vertragsparteien mit Hinweisen dazu, was zur Kündigung geführt hat und unter welchen Umständen diese schließlich erfolgt ist.

Nachdem die Kündigungsmodalitäten geprüft wurden, erfolgt im nächsten Schritt die Prüfung und Bewertung der Kündigungsabrechnung durch Rückgriff auf Abrechnungsgrundsätze. Diese Grundsätze werden dem Leitfaden ebenfalls beigelegt und beschreiben allgemeine Vorgaben für die Abrechnung zur Schlussrechnungsstellung sowie differenzierte Vorgaben in Abhängigkeit zum geschlossenen Bauvertragstyp. Der Schwerpunkt bei diesem Prüfschritt liegt dementsprechend auf der korrekt durchgeführten Abrechnung der erbrachten Leistungen, der ersparten Aufwendungen und weiterer zu berücksichtigenden Positionen. Ebenfalls müssen die Unterlagen untersucht werden, beispielsweise bezogen auf ein erforderliches Aufmaß, Zeichnungen sowie der Vorlage von Nachweisen zur Abnahme bzw. Leistungsfeststellung. Gegebenenfalls werden an dieser Stelle nochmal die vertraglichen Unterlagen hinsichtlich formulierter Randbedingungen zur Kündigung herangezogen.

Nach der Abrechnungsbewertung erfolgt die grundsätzliche Kalkulationsanalyse. Die vorliegenden Unterlagen werden hinsichtlich der zugrunde liegenden Kalkulationsart zur Kostenermittlung sowie weiterer kalkulatorischer Unterlagen geprüft. Liegen eine Urkalkulation bzw. andere erforderliche Unterlagen vor, um die Kalkulation nachvollziehen zu können und kann auf das ursprüngliche Angebot zur Baumaßnahme zurückgegriffen werden? Dazu können zudem Informationen aus Verhandlungsprotokollen wertvoll sein. Zur Prüfung und Bewertung der Kalkulation werden, soweit vorhanden, Einheitliche Formblätter genutzt, um daraus die Zuschläge für BGK, AGK und W+G, bzw. die Auftragssumme nachvollziehen zu können und die Kalkulation grundsätzlich hinsichtlich ihrer Plausibilität zu bewerten.

Nachdem diese fünf Prüfschritte erfolgt sind und zur weiteren Bewertung wichtige Informationen zusammengetragen wurden, erfolgt die zweite Stufe der Prüfung der Schlussrechnung bezogen auf die inhaltliche Prüfung. Infolge der Bündelung der Informationen aus den vorangegangenen Prüfschritten, wird die inhaltliche Bewertung der Schlussrechnung hinsichtlich der Aufstellung der Rechnungspositionen, der Überprüfung der Mengen und Massen und der grundsätzlichen Frage, ob die angegebenen Kosten nachvollziehbar sind, durchgeführt. Die in der Schlussrechnung angegebenen Preise sollen im Idealfall mit den vereinbarten Preisen übereinstimmen. Ebenso sollten die zusätzlichen Positionen wie Abschlagszahlungen, Nachträge oder Einbehalte prüfbar den vertraglichen Vereinbarungen und Nachweisen entsprechen.

Abschließend erfolgt eine Zusammenfassung der bisherigen Prüf- und Bewertungsergebnisse hinsichtlich der einzelnen Prüfschritte. Eventuell werden alternative Ergebnisse bzw. eine alternative Berechnung vorgestellt. Bestenfalls werden die Ergebnisse der Schlussrechnung bestätigt und entsprechend beziffert.

Die Prüfschritte sollten dabei keineswegs isoliert bearbeitet werden, sondern sind stets dynamisch zu berücksichtigen.

10.5 Leitfaden zur Prüfung und Bewertung von Kündigungsvergütungen

Auf Basis der vorgestellten Struktur und der inhaltlichen Erläuterungen werden die einzelnen Prüfschritte mit den Ergebnissen aus den vorangegangenen Kapiteln vervollständigt. Dafür werden an geeigneten Stellen Tabellen oder Grafiken zur Übersichtlichkeit und zum besseren Verständnis eingesetzt. Für das Layout des Leitfadens wurde eine tabellarische Struktur gewählt, sodass der jeweilige Prüfer den Leitfaden als Arbeitshilfe im Zuge der Prüfung begleitend anwenden kann und Notizen mit Informationen zu den Prüfschritten darauf vermerkt werden können. Dieses Layout ermöglicht es, den verschiedenen Anforderungen der Prüfer bzw. Anwender gerecht zu werden. Der AG kann den Leitfaden für seine Prüfung als Unterlage nutzen, um dort die relevanten Informationen zu den einzelnen Prüfschritten zu vermerken. Dafür steht eine weitere Spalte für Notizen zur Verfügung. Dem gegenüber kann der AN den Leitfaden begleitend zur Schlussrechnungsaufstellung und eigenen Prüfung, hinsichtlich der Gesamtanforderungen an eine Schlussrechnung, anwenden. Wurde eine externe Person (Hilfsperson) für die Schlussrechnungsprüfung beauftragt, kann der Leitfadens ebenfalls für Vermerke zu den Prüfschritten genutzt werden und anschließend als Grundlage zur Verschriftlichung der Gesamtergebnisse herangezogen werden. Die Verschriftlichung könnte dem AG bzw. dem AN anschließend vorgelegt werden. Um dem Kriterium der Einfachheit nachzukommen, werden die wichtigsten Kernaussagen bzw. Informationen stichpunktartig zusammengefasst

Die nachfolgende Tab. 10.2 gibt einen tabellarischen Überblick der notwendigen Schritte bei der Prüfung und Bewertung von Kündigungsvergütungen

Tab. 10.2 Leitfaden zur Prüfung und Bewertung von Kündigungsvergütungen

Allgemeine Anforderungen an die Form der Schlussrechnung nach Zugang		**Prüf- und Bewertungsnotizen**
• Eindeutige Zuordnung zum AN: Name, Adresse, Datum der Rechnungsstellung, Umfang bzw. Art der Leistung • Berücksichtigung des Zeitpunkts der schriftlichen Kündigung für den Zugang der Schlussrechnung • Schlussrechnungsstellung in schriftlicher Form • Bezeichnung oder Unterschrift des Dokuments ist irrelevant • Absicht erkennbar, dass der AN die Leistungen final abrechnen will • Detaillierter Inhalt: Darstellung der restlichen Vergütung nach Kündigung • AN ist ohne explizite verbindliche rechtsgeschäftliche Erklärung nicht an seine Schlussrechnung gebunden		
Weitere Hinweise: • Zusammenschluss von Teilrechnungen als Schlussrechnung akzeptabel • Teilschlussrechnung als Schlussrechnung eines abgeschlossenen Teils der Gesamtleistung akzeptabel • Fehlende Forderungen können nachgereicht werden, Verjährung beginnt mit Schlussrechnung		
Beginn Zeitfenster der Prüffrist nach Zugang der Schlussrechnung		
Gemäß BGB	• Dauer: 30 Tage	
Gemäß VOB/B	• Dauer: 30 Tage • Verlängerung auf maximal 60 Tage möglich. • Mögliche zu dokumentierende Gründe für Verlängerung: umfangreiches LV, Bauzeit über 12 Monate hinaus, komplexe Prüfungslage	
Substantiierte Rüge innerhalb der Prüffrist bzgl. fehlender Prüffähigkeit	• Berechtigte Rüge: AN hat die Möglichkeit weitere Unterlagen bzw. Nachweise zur Herstellung der Prüffähigkeit nachreichen • Unberechtigte Rüge: Werklohn wird fällig, Prüfung hinsichtlich Berechtigung der Forderung und Inhalt • Verspätete oder ausbleibende Rüge: Werklohn wird fällig, Prüfung hinsichtlich Berechtigung und Inhalt, Ansetzen von Verzugszinsen	
Zusammenfassend: Der Fokus sollte stets auf der Prüffrist liegen. Das Verstreichen der Prüffrist, obwohl eine Berechtigung bestanden hätte, hat negative Konsequenzen für den AG. Grundsätzlich sollte die Prüfung zügig erfolgen.		

(Fortsetzung)

Tab. 10.2 (Fortsetzung)

Allgemeine Anforderungen an die Form der Schlussrechnung nach Zugang		**Prüf- und Bewertungsnotizen**
Prüfschritt 1 – Formale Prüfung		
Fälligkeit des Werklohns nach Kündigung		
Allgemein: Die Prüffähigkeit wird nicht zwingend als Fälligkeitsvoraussetzung angesehen. Voraussetzungen gelten gleichermaßen für den Einheits- sowie Pauschalpreisvertrag. Vorbehaltene Mängel infolge der Abnahme verhindern nicht den Fälligkeitseintritt, können jedoch ein Zurückbehaltungsrecht des AG mit sich bringen.		
Gemäß BGB ab 01.01.2018 sowie VOB/B	• Abnahme (Leistungsfeststellung) der Leistung nach Kündigung • Zugang der prüffähigen Schlussrechnung	
Gemäß BGB bis 31.12.2017	• Abnahme (Leistungsfeststellung) der Leistung nach Kündigung • (Schlussrechnung dient zur Forderungsprüfung durch den AG)	
Fälligkeit ist weiterhin möglich	• Bei grundloser und unberechtigter Abnahmeverweigerung des AG • Konkludente Abnahme ist erfolgt (Prüfung im Einzelfall) • Abnahme ist entbehrlich (Prüfung im Einzelfall)	
Entbehrlichkeit der Abnahme	• AG wünscht nach Kündigung keine Fertigstellung der Leistung und die Zahlung richtet sich nach Gewährleistungsrechten	
Fälligkeit tritt nicht ein	• Abnahmeverweigerung seitens des AG aufgrund wesentlicher Mängel (ab 01.01.2018 Abschlags-zahlung möglich) • Abschlagsrechnungen stellen keine Fälligkeitsvoraussetzung dar	
Prüffähigkeit der Schlussrechnung		
Allgemein: Die Anforderungen an die Prüffähigkeit sind stets im Einzelfall zu bewerten und können daher variieren. Die fachliche Kompetenz des AG kann den Grad der Prüffähigkeit bestimmen. Das bedeutet weiterhin, dass bei einer ausreichenden Grundlage auch Schätzungen vorgenommen werden dürfen. Zu berücksichtigen ist weiterhin, dass es für die Prüffähigkeit nicht relevant ist, ob die vorgenommene Berechnung sachlich richtig oder gar falsch ist.		
Anforderungen aus dem BGB und der VOB	Anforderungen aus der Rechtsprechung und Fachliteratur	

(Fortsetzung)

Tab. 10.2 (Fortsetzung)

Allgemeine Anforderungen an die Form der Schlussrechnung nach Zugang		**Prüf- und Bewertungsnotizen**
BGB	**Allgemeine Anforderungen:** • Grad der Prüffähigkeit in Abhängigkeit von der Fachkunde des AG • Prüffähigkeit ist kein Selbstzweck • Berücksichtigung Kontroll- und Informationsinteresse des AG • Keine Bevor- oder Benachteiligung einer Vertragspartei • Die Anforderungen dürfen nicht überspannt werden • Ermöglichung einer schnellen und einfachen Beurteilung • Prüfbarkeit ist keine Frage der Sachlichkeit oder Richtigkeit • Schlussrechnung kann auch nur teilweise prüffähig sein **Anforderungen in Anlehnung an die Übersichtlichkeit und Nachvollziehbarkeit:** • Orientierung der Forderungen auf Basis des Bauvertrags • Erkennbarkeit von Abweichungen • Erforderliche Einteilung in erbrachte und nicht erbrachte Leistungen • Gesonderte Kennzeichnung geänderter/ zusätzlicher Leistungen • Schlüssige Darlegung hinsichtlich ersparter Aufwendungen und anderweitigem Erwerb • Berücksichtigung beigefügter Unterlagen • Schlussrechnung kann auch nur teilweise prüffähig sein (der prüfbare Teil sollte demnach auch geprüft werden)	
• Übersichtlichkeit: • Aufstellung der Leistungen • Nachvollziehbarkeit		
VOB		
• Übersichtlichkeit: • Einhaltung der Reihenfolge der Posten • Verwendung der im Vertrag verwendeten Bezeichnungen (LV) • Gesonderte Kennzeichnung geänderter/ zusätzlicher Leistungen • Nachvollziehbarkeit: • Beifügung Mengenberechnungen, Zeichnungen, Belege (Aufmaß) für Art und Umfang der Leistung • Orientierung der Forderungen auf Basis des Bauvertrags • Aufmaß (für Einheitspreisvertrag)		

(Fortsetzung)

Tab. 10.2 (Fortsetzung)

Allgemeine Anforderungen an die Form der Schlussrechnung nach Zugang	Prüf- und Bewertungsnotizen
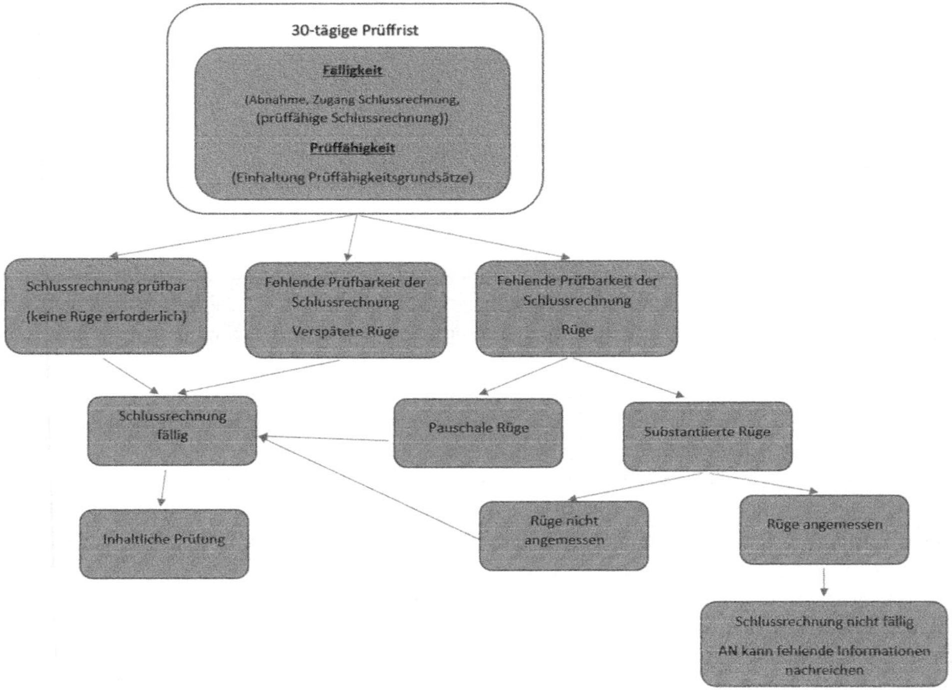 Zusammenhang „Fälligkeit" und „Prüffähigkeit“	

(Fortsetzung)

Tab. 10.2 (Fortsetzung)

Allgemeine Anforderungen an die Form der Schlussrechnung nach Zugang		**Prüf- und Bewertungsnotizen**
Zusammenfassend: Ist der Werklohn nicht fällig, ist eine Werklohnklage als derzeit unbegründet abzuweisen. Die Fälligkeit kann jedoch noch nachträglich eintreten. Ist die Schlussrechnung nicht prüfbar, sollte sie auch nicht weiter geprüft werden. Ist sie jedoch teilweise prüfbar, muss geprüft werden, ob hinsichtlich des prüfbaren Teils ein Guthaben an den AN ausgezahlt werden kann.		
Prüfschritt 2 – Gesamtüberblick		
Allgemein: Die Vorgabe eines Gesamtüberblick steht stets in Abhängigkeit der zu prüfenden Schlussrechnung. Je nachdem wie komplex die Unterlagen sind, ist auch der Prüfschritt desto umfangreicher.		
Allgemeine Informationen zum Status quo		
Informationen zu den Vertragsparteien und zur Baumaßnahme bzw. zum Auftrag.	• AG: öffentlich oder privat • AN (Branche): Trockenbau, Fassadenbau, TGA, etc.	
Informationen zum Prüfstatus.	• erstmalige Prüfung für durch den AG • Schlussrechnung wurde als nicht prüffähig abgewiesen • Schlussrechnung wird durch den AN vor Abgabe geprüft • Schlussrechnungserstellung erfolgt mit Unterstützung des Leitfadens • Schlussrechnung wird durch einen externen Prüfer (Hilfsperson) geprüft	
Sondierung vorliegende Unterlagen		

(Fortsetzung)

Tab. 10.2 (Fortsetzung)

Allgemeine Anforderungen an die Form der Schlussrechnung nach Zugang		**Prüf- und Bewertungsnotizen**
Sondierung der vorliegenden Unterlagen hinsichtlich der in der Schlussrechnung aufgestellten Positionen.	• Abschlagszahlungen • Einbehalte/ Vertragliche Abzüge • Nachlässe • Geänderte/ Zusätzliche Leistungen • Mehrwehrsteuer • Stundenlohnarbeiten • Skonti • Weitere Ansprüche (z. B.: aus Bauzeitverlängerungen) • Vertragsstrafen • Verzugszinsen • Vorauszahlungen	
Überprüfung hinsichtlich Vollständigkeit der Nachweise.	• Abschlagszahlungen und Zahlungsplan • Nachträge und Nachtragsrechnungen • Stundenlohnarbeiten und Stundenlohnzettel	
Vorgaben für die Angabe von Abschlagszahlungen.	• Gesonderte Aufführung in Schlussrechnung • Beifügung vereinbarter Zahlungsplan • Übersicht bis zur Kündigung getätigter Zahlungen gemäß dem Wert der erbrachten Leistung • Nachweis zum berechtigten Einbehalt • Berücksichtigung Anspruch auf Auszahlung eines Überschusses • Berücksichtigung der selbstständigen Verjährung	
Vorgaben für die Angabe von Vorauszahlungen.	• Gesonderte Aufführung in Schlussrechnung • Nachweise zur Vereinbarung einer Vorrauszahlungspflicht des AG • Nachweis der erbrachten Leistung	

(Fortsetzung)

Tab. 10.2 (Fortsetzung)

Allgemeine Anforderungen an die Form der Schlussrechnung nach Zugang		**Prüf- und Bewertungsnotizen**
Vorgaben für die Angabe von Änderungen oder Ergänzungen.	• In Schlussrechnung besonders zu kennzeichnen und gesondert abzurechnen (für Pauschal- und Einheitspreisverträge) • Mengenänderungen in den Grenzen des § 2 Abs. 3 VOB/B benötigen keine Kenntlichmachung, sofern sie nicht verlangt wird (Achtung: Fälligkeit/ Verjährung) • Nachtragsberechnung dem Grunde und der Höhe nach stimmig • Für Vereinbarung vor Ausführung genügt der Verweis darauf	
Vorgaben für die Angabe von Ansprüchen aus Bauzeitverlängerungen.	• Mehrkosten gesondert kenntlich machen • Erforderliche Prüfung dem Grunde und der Höhe nach bei erstmaliger Aufführung in Schlussrechnung	
Vorgaben für die Angabe von Ansprüchen aus Stundenlohnarbeiten.	• Erforderliche vertragliche Vereinbarung für Stundenlohnarbeiten • Vereinbarung liegt nicht vor: keine Vergütung oder Abrechnung nach EP • Vorlage entsprechender Stundenzettel mit Informationen zu: • Arbeitsstunden, Mitarbeiter inkl. Berufsbezeichnung, Art der Tätigkeit, Bezeichnung Baustelle	
Vorgaben für die Angabe von Ansprüchen aus Einbehalten/ Vertraglichen Abzügen wie Nachlässe, Skonti, Umlagen oder Sicherheitseinbehalte	• Erforderliche vertragliche Vereinbarung • Berücksichtigung AGB-Inhaltskontrolle (Transparenz etc.) • Nachlässe: Bezug auf Einzelkosten oder Gesamtpositionen erforderlich • Nachlass aus Gesamtpositionen: Auswirkungen bei AGK oder Gewinn • Skonti: Berücksichtigung Abrechnung durch Vertragsauslegung • Vereinbarung Frist erforderlich • Sicherheitseinbehalte: • Mängeleinbehalte	
Vorgaben für die Angabe der Mehrwertsteuer.	• Berücksichtigung, sofern Verpflichtung besteht • Ausgewiesen am Ende der Schlussrechnung • Steuersatz zum Zeitpunkt der Leistung • Sofern Verpflichtung AN-seitig ignoriert wird, kann AG Zahlung zurückhalten • Entfällt lediglich auf erbrachte Leistungen	

(Fortsetzung)

Tab. 10.2 (Fortsetzung)

Allgemeine Anforderungen an die Form der Schlussrechnung nach Zugang		**Prüf- und Bewertungsnotizen**
Vorgaben für die Angabe von Ansprüchen aus Verzugszinsen.	• Gesonderte Ausweisung • Prüfung der Fälligkeit • Zinssatz von neun Prozentpunkten über dem Basiszinssatz	
Vorgaben für die Angabe von Ansprüchen aus Vertragsstrafen.	• Erforderlichkeit Vertragliche Vereinbarung • Voraussetzungen: • Verknüpfung Vertragsstrafe mit Frist • Verknüpfung Frist mit Leistung • Verzug erforderlich • Höhe 0,3 % der Auftragssumme pro Werktag • Obergrenze von 5 % der Auftragssumme • Keine Berücksichtigung der Mehrwertsteuer	
Weitere zu prüfende Unterlagen.	• Schriftverkehr der Vertragsparteien • Gutachten • Weitere noch nicht zuzuordnende Rechnung	
Zusammenfassend: Die Positionen in einer Schlussrechnungsaufstellung können vielfältig sein. Es ist wichtig dabei den Überblick zu behalten und zu den verschiedenen Positionen die jeweiligen Nachweise in den Unterlagen zu suchen. Die angezeigten Positionen sind nicht abschließend. Je nach Vereinbarung können weitere Positionen dazukommen.		
Prüfschritt 3 – Vertragsanalyse		
Allgemein: Zu Beginn steht die Einsortierung des Vertrags in den rechtlichen Kontext. Deshalb sollte anhand des Vertrags geprüft werden, ob ein BGB-Bauvertrag geschlossen wurde oder die VOB Vertragsgrundlage ist. Für die VOB als AGB ist die dabei ausdrückliche Vereinbarung relevant und ob sie „im Ganzen" vereinbart wurde. Ist dies nicht der Fall, können einzelne Klauseln hinsichtlich einer Inhaltskontrolle als unwirksam angesehen werden. Der öffentliche AG wird aufgrund seiner Verpflichtung stets einen VOB-Vertrag abschließen.		

(Fortsetzung)

Tab. 10.2 (Fortsetzung)

Allgemeine Anforderungen an die Form der Schlussrechnung nach Zugang		**Prüf- und Bewertungsnotizen**
Grundlage des Bauvertrags.	• BGB, bis 31.12.2017 • BGB, ab 01.01.2018 • VOB	
Vertragstyp des Bauvertrags.	• Einheitspreisvertrag • Detail-Pauschalvertrag • Global-Pauschalvertrag • (Selbstkostenerstattungsvertrag) • (Stundenlohnvertrag)	
Form der Leistungsbeschreibung und vorliegende Unterlagen dazu.	• Detaillierte Leistungsbeschreibung in Form eines Leistungsverzeichnisses (EP-Vertrag, Detail-Pauschalvertrag) • Global funktionale Leistungsbeschreibung (Global-Pauschalvertrag) • Zeichnungen, Fotos, 3D-Modelle	
Weitere Vertragsunterlagen mit schlussrechnungsrelevanten Vorgaben.	• Besondere Vertragsbedingungen (BVB) • Zusätzliche Vertragsbedingungen (ZVB)	
Vertragliche Regelungen zur Abrechnung.	• Regelungen zu Nachtragsforderungen • Regelungen zur Vertragsstrafe • Regelungen zu Nachlässen • Regelungen zu Preisgleitklauseln • etc.	
Vertragliche Regelungen zur Schlussrechnung.	• Art und Umfang der Schlussrechnung • Informationen zur Prüffähigkeit • Der Schlussrechnung beizulegende Nachweise • Abrechnungsgrundsätze	

(Fortsetzung)

Tab. 10.2 (Fortsetzung)

Allgemeine Anforderungen an die Form der Schlussrechnung nach Zugang		**Prüf- und Bewertungsnotizen**
Vertragliche Regelungen zur Kündigung.	• Kündigungsklauseln des AN • Kündigungsklauseln des AG • Verweise zur Kündigungsabrechnung • Voraussetzungen für eine Kündigung	
Zu Berücksichtigende Kündigungsklauseln.	• Durch den AG gestellte Klauseln • Beschränkungen der Vergütung nach Kündigung sind unwirksam • Durch den AN gestellte Klauseln • Regelungen zur Vergütung, welche vom Vertrag abweichende Preise vorgeben sind unwirksam • Vergütungspauschalen nach Kündigung die unverhältnismäßig hoch sind, sind unwirksam (5-7,5 % der Auftragssumme werden akzeptiert) • Eine Klausel, nach der kein anderweitiger Erwerb abgezogen werden darf, ist unwirksam	
Zusammenfassend: Im Zuge von Kündigungsklauseln darf grundsätzlich keine unangemessene Benachteiligung einer Vertragspartei entstehen. Liegen vertragliche Regelungen zur Schlussrechnung, Abrechnung etc. sind sollte diese zwingend berücksichtigt werden.		
Prüfschritt 4 – Kündigungsanalyse		
Allgemein: Kündigt eine Vertragspartei, muss das Kündigungsschriftstück nicht zwingend mit „Kündigung“ betitelt werden. Es unterstützt jedoch die Eindeutigkeit der Kündigungserklärung sowie u. a. die sichere Beweisführung zum Bautenstand.		
Allgemeingültigen Voraussetzungen.	• Wirksamer Vertragsschluss • Schriftlichkeit • Übergabe an den korrekten Adressaten (Vollmacht) • Angabe des Absenders (Vollmacht)	
Kündigende Vertragspartei.	• AN • AG	

(Fortsetzung)

Tab. 10.2 (Fortsetzung)

Allgemeine Anforderungen an die Form der Schlussrechnung nach Zugang		**Prüf- und Bewertungsnotizen**
Kündigungsrecht bei AG-seitiger Kündigung.	• BGB: • Freie Kündigung nach § 648 BGB • Außerordentliche Kündigung nach § 649 BGB • Kündigung aus wichtigem Grund nach § 648a BGB • VOB • Freie Kündigung nach § 8 Abs. 1 VOB/B • Kündigung aus wichtigem Grund nach § 8 Abs. 2 VOB/B • Kündigung aus wichtigem Grund nach § 8 Abs. 3 VOB/B • Kündigung aus wichtigem Grund nach § 8 Abs. 4 Nr. 1, 2a VOB/B • Kündigung aus wichtigem Grund nach § 8 Abs. 4 Nr. 2b VOB/B • Außerordentliche Kündigung nach § 6 Abs. 7 VOB/B	
Kündigungsrecht bei AN-seitiger Kündigung.	• BGB: • Außerordentliche Kündigung nach § 643 BGB • Außerordentliche Kündigung nach § 650f BGB • Außerordentliche Kündigung nach § 649 BGB • Kündigung aus wichtigem Grund nach § 648a BGB • VOB • Kündigung aus wichtigem Grund nach § 9 VOB/B • Außerordentliche Kündigung nach § 6 Abs. 7 VOB/B	
Voraussetzungen und Merkmale der Kündigung.	s. Tabelle 1:„Übersicht Kündigungsarten und Rechtsfolgen“	

(Fortsetzung)

Tab. 10.2 (Fortsetzung)

Allgemeine Anforderungen an die Form der Schlussrechnung nach Zugang		**Prüf- und Bewertungsnotizen**
Zu berücksichtigende Aspekte der Abnahme.	• Der AG kann sich rechtskräftig vertreten lassen (Vollmacht) • Fehlende Fertigstellung des Werks stellt keinen Mangel dar • Dokumentation der Abnahme • Mängelvorbehalte in den Abnahmeunterlagen • Mit der Abnahme beginn die Verjährungsfrist für Mängelansprüche (VOB/B 4a, BGB 5a) • Berücksichtigung der Vergütungsfälligkeit für erbrachte Leistungen • Abnahmeregelungen gemäß § 640 und § 633 ff BGB bzw. §§ 12, 13 VOB/B • Prüfung hinsichtlich einer Entbehrlichkeit der Abnahme (Forderung von Schadensersatz oder Abnahmeverweigerung seitens AG)	
Zusammenfassend: Die Rechtsfolgen der wirksamen Kündigung umfassen die Abnahme, das Bestehen bleiben entsprechender Mängelrechte des AG sowie das sofortige Einstellen jeglicher Abschlagszahlungen. Das Erfüllungsstadium des gekündigten Vertrags endet mit der Abnahme.		
Prüfschritt 5 – Kündigungsabrechnung		
Allgemein: Allgemeingültige Abrechnungsgrundsätze sind unabhängig des gewählten Kündigungsrechts zu berücksichtigen. Die Primäre Herangehensweise umfasst die Abgrenzung der erbrachten von der nicht erbrachten Leistung.		
Für die Abrechnung eines gekündigten Bauvertrags können folgende allgemeingültige Abrechnungsrundsätze berücksichtigt werden: 1. Aufstellung sämtlicher Leistungen (Grundlage: Angebot, Vertrag etc.) 2. Beurteilung Vergütungsanteile für Teilleistungen 3. Beurteilung der Leistungen hinschlich des Grades der Fertigstellung 4. Abgrenzung der Leistungen in erbrachte und nicht erbrachte Leistungen 5. Berechnung der Vergütungsansprüche 6. Beurteilung zusätzlicher/ geänderter Leistungen bzgl. eines Vergütungsanspruchs		

(Fortsetzung)

Tab. 10.2 (Fortsetzung)

Allgemeine Anforderungen an die Form der Schlussrechnung nach Zugang		**Prüf- und Bewertungsnotizen**
Abrechnung des Einheitspreisvertrags		
Abrechnung eines Einheitspreisvertrags.	• Grundlage für die Abrechnung sind stets die vereinbarten Einheitspreise (bei Abweichungen Erläuterung erforderlich) • Grundsätzlich: Abgrenzung der erbrachten von den nicht erbrachten Leistungen • Multiplikation der tatsächlichen Menge (Aufmaß) mit dem jeweiligen Einheitspreis der Position für den Gesamtpreis und anschließende Addition der Gesamtpreise	
Vorgaben hinsichtlich Abrechnung nach Aufmaß.	• Tatsächliche Umfang der Leistungen wird anhand des Aufmaßes festgehalten • VOB-Vertrag: Abrechnungsbestimmungen der VOB/C zu berücksichtigen (DIN 18299) • BGB-Vertrag: gesonderten Bestimmungen vorliegen, Vertragsauslegung (a.a.R.d.T., DIN 18299) • Soweit vorhanden Ermittlung von tatsächlichen Leistungen aus Zeichnungen • Anforderungen an das Aufmaß gemäß Vertragsauslegung • Aufmaß vor Ort (gängige Praxis) • Berücksichtigung gesonderter Abrechnungsvorschriften (Achtung: Inhaltskontrolle) • **Gemeinsames Aufmaß** • Möglichst gemeinsame Feststellung der tatsächlichen Leistung • Bindungswirkung des gemeinsamen Aufmaßes • Gemeinsames Aufmaß keine Voraussetzung für die Prüfung der Schlussrechnung • **Einseitiges Aufmaß** • Einseitige Aufmaß möglich (aufwendigere Nachweisführung) • Einbeziehung eines Sachverständigen für einseitiges Aufmaß zulässig • **Entbehrlichkeit des Aufmaßes:** • Im Falle eines unverhältnismäßigen Aufwandes • Unmöglichkeit • Verhinderung durch AG	

(Fortsetzung)

Tab. 10.2 (Fortsetzung)

Allgemeine Anforderungen an die Form der Schlussrechnung nach Zugang		**Prüf- und Bewertungsnotizen**
Abrechnung des Detail-Pauschalpreisvertrags		
Abrechnung eines Detail-Pauschalpreisvertrags.	• Grundlage LV: analoge Abrechnung zum Einheitspreisvertrag • Grundsätzlich: Abgrenzung der erbrachten von den nicht erbrachten Leistungen • Nutzung des Angebots als Grundlage zur Berechnung der erbrachten Leistungen • Keine Unterlagen zur Bewertung der erbrachten Leistungen vorhanden: • Bewertung im Einzeln darlegen • Erbrachte und nicht erbrachte Leistungen darstellen • Gegenüberstellung Verhältnis der erbrachten Leistungen zur Gesamtvergütung • Nicht erbrachte Leistungen: angefertigt, angeliefert, jedoch nicht verbaut • Erbrachte Leistungen: zum Zeitpunkt der Kündigung im Bauwerk verkörpert • Berücksichtigung der Mehrwertsteuer lediglich für erbrachte Leistungen • Vereinbarung von Abschlagsrechnungen: Prüfung hinsichtlich Übereinstimmung Abschlagsrechnung und Anteil der Pauschale zum Leistungsstand (überschlägig)	
Abrechnung des Global-Pauschalvertrags		

(Fortsetzung)

Tab. 10.2 (Fortsetzung)

Allgemeine Anforderungen an die Form der Schlussrechnung nach Zugang		**Prüf- und Bewertungsnotizen**

Abrechnung eines Global-Pauschalpreisvertrags.	• Detaillierte Darstellung Leistungsinhalt im Verhältnis zur Pauschalsumme
	• Zur Plausibilisierung ggf. nachträgliche Kalkulation erforderlich (Aufmaß nicht erforderlich)
	• Basis Auftragskalkulation
	• Berechnung „von unten nach oben“:
	  • Zerteilung Leistung in Einzelleistungen und Beurteilung mit passenden preisen
	  • Summe der Einzelleistungen muss der gesamt geschuldeten Leistung entsprechen
	  • Monetäre Summe der Einzelleistungen muss dem Pauschalpreis entsprechen
	  • Anschließende Abgrenzung der erbrachten von den nicht erbrachten Leistungen
	  • Berechnung der Vergütung: Verhältnis des Werts der erbrachten Teilleistungen zum Wert der nach dem Pauschalpreis geschuldeten Gesamtleistung
	Berechnung „von oben nach unten“:
	  • Bei geringfügiger Restleistung
	  • Vorgehensweise darf nicht zur kalkulatorischen Verschiebung führen
	  • Keine Zerlegung in Einzelleistungen erforderlich
	  • Vom Gesamtpauschalpreis werden die nicht erbrachten Leistungen abgezogen
	  • Schätzung gemäß § 287 ZPO erlaubt
	  • „Geringfügigkeit“ muss im Einzelfall bewertet werden 2-5 % des Auftragsvolumens
	• Weiterhin keine Zerlegung in Einzelleistungen erforderlich:
	  • AN hat bis Kündigung lediglich geringfügige Teilleistungen erbracht
	  • Annahme, dass Gesamtvergütung als nicht erbracht angesehen wird
	  • Von der Pauschalsumme werden ersparte Aufwendungen abgezogen (Mindestvergütung)	

(Fortsetzung)

Tab. 10.2 (Fortsetzung)

Allgemeine Anforderungen an die Form der Schlussrechnung nach Zugang	**Prüf- und Bewertungsnotizen**
• Abbildung des Preises durch Aufteilung der Gewerke • Ganze Gewerke gekündigt oder Bauteile aus Gesamtheit der Gewerke • Aufteilung in Gewerke zur Bewertung der Pauschale, Gesamtsumme der Gewerke muss stets der Pauschale entsprechen • Keine Anwendung, sofern Gewerke nur teilweise ausgeführt wurden • Schätzungen gemäß § 287 ZPO, sofern tatsächlich geschuldete Leistungen aus Vertrag ersichtlich und Übersicht zu bereits abschlägig vergüteten erbrachten Leistungen vorhanden • Bewertung der Fertigstellungsgrade von Teilleistungen • Nicht erbrachte Leistungen: angefertigt, angeliefert, jedoch nicht verbaut • Erbrachte Leistungen: zum Zeitpunkt der Kündigung im Bauwerk verkörpert **Zusammenfassend:** Die Abrechnung eines Einheitspreisvertrags (Detail-Pauschalpreisvertrag) muss stets anhand des Leistungsverzeichnisses und dem Aufmaß mit den tatsächlichen Mengen erfolgen. Die Anforderungen an einen Global-Pauschalpreisvertrag sind deutlich umfangreicher. Anhand der Hinweise und Regelungen sind jedoch auch hier erfolgreiche Abrechnungen möglich. Grundsätzlich muss der Detaillierungsgrad jedoch nicht dem eines Einheitspreisvertrags entsprechen.	
Berücksichtigung von ersparten Aufwendungen und anderweitigem Erwerb im Zuge der Abrechnung	
Allgemein: In Abhängigkeit des jeweiligen Kündigungsrechts werden ersparte Aufwendungen sowie der anderweitige Erwerb von den nicht erbrachten Leistungen abgezogen. Hierbei handelt es sich bei den ersparten Aufwendungen um Kosten, die infolge der Kündigung hinfällig werden. Maßgeblich sind dafür die tatsächlichen Kosten.	

(Fortsetzung)

Tab. 10.2 (Fortsetzung)

Allgemeine Anforderungen an die Form der Schlussrechnung nach Zugang		**Prüf- und Bewertungsnotizen**
Ersparte Aufwendungen.	• Zu berücksichtigende Positionen • Kosten für Personal: sofern diese nicht mehr eingesetzt werden • Materialkosten, Stoffe und Geräte: sofern beschafft, jedoch nicht mehr benötigt (speziell für Baustelle hergestellte Materialien, die nicht anderweitig eingesetzt werden, sind nicht als ersparte Aufwendungen anzusehen) • Nachunternehmerkosten: sofern noch nicht beauftragt, können hypothetische Kosten angesetzt werden • Baustellengemeinkosten • Wagnis: sofern sich das Risiko nicht verwirklicht hat	
Anderweitiger Erwerb.	• Anrechnung dessen, was der AN durch eine anderweitige Verwendung von Arbeitskraft oder Material erwirbt • Weitere Berücksichtigung dessen, was der AN möglicherweise zu erwerben böswillig unterlässt • Erwerb von anderweitigen Deckungsbeiträgen sowie Gewinn	
Zusammenfassend: Einige Reglungen zur Kündigung im BGB und infolgedessen auch geltend für die VOB, ermöglichen eine Pauschalierung der Positionen auf 5 %. Dies dient zur Erleichterung der Darlegungslast des AN. Der AN ist hinsichtlich der ersparten Aufwendungen Erstdarlegungspflichtig. Der AG wird, sofern er die jeweiligen Beträge anzweifelt infolgedessen darlegungs- und beweispflichtig.		
Prüfschritt 6 – Kalkulationsanalyse		
Allgemein: Grundsätzlich ist zu klären, welche Art der Kalkulation der Schlussrechnung zugrunde liegt. Eine Vorgabe zur Kalkulationsmethodik findet sich weder im BGB noch in der VOB. Es haben sich jedoch zwei Methoden in der Praxis durchgesetzt. Unabhängig davon stehts stets die Ermittlung der Einzelkosten der Teilleistungen (EkdT) an erster Stelle		

(Fortsetzung)

Tab. 10.2 (Fortsetzung)

Allgemeine Anforderungen an die Form der Schlussrechnung nach Zugang		Prüf- und Bewertungsnotizen
Sondierung der vorliegenden Kalkulationsunterlagen.	• Urkalkulation, Auszug aus Urkalkulation • Auftrag/ Angebot • Bepreistes Leistungsverzeichnis • Zerteilung/ Aufgliederung der Leistungen • Einheitliche Formblätter • Aufgliederung der Gemeinkosten	
Einheitliche Formblätter.	• Einheitliche Formblätter (primär beim öffentlichen AG) • EFB 221 Preisermittlung bei Zuschlagskalkulation mit Angaben zum Verrechnungslohn, Zuschläge auf die EkdT sowie die Ermittlung der Angebotssumme • EFB 222 Preisermittlung bei Kalkulation über die Endsumme • EFB 223 Aufgliederung der Einheitspreise (sachlogisch jeweils in der Kombination mit EFB 221 oder 222)	
Kennzeichen der Umlagekalkulation.	• EkdT werden mit möglichst konkret ermittelten BGK, periodisch geplante AGK sowie W+G beaufschlagt • Projektspezifische Ermittlung der Gemeinkosten der Baustelle • Berücksichtigung EFB 222 • Zur Aufgliederung von Einheitspreisen liegt EFB 223 vor	
Kennzeichen der Zuschlagskalkulation.	• Nach Ermittlung der EkdT werden feste Zuschlagssätze für den Deckungsanteil (AGK, BGK, W+G) zugeschlagen • Berücksichtigung des EFB 221 • Zur Aufgliederung von Einheitspreisen liegt EFB 223 vor	

(Fortsetzung)

Tab. 10.2 (Fortsetzung)

Allgemeine Anforderungen an die Form der Schlussrechnung nach Zugang		**Prüf- und Bewertungsnotizen**
Bestandteil der Kalkulation: EkdT	Folgende Kostenarten können je nach Kostenstruktur des Unternehmens dafür angegeben werden: • Lohn • Geräte • Nachunternehmer • Stoffe • Sonstige Kosen	
Bestandteil der Kalkulation: BGK	Diese Kosten werden nicht direkt einer Teilleistung zugeordnet, entstehen jedoch im Zuge einer definierten Baustelle: • Baustelleneinrichtung • Kosten für Bauhilfsstoffe • Kosten der örtlichen Bauleitung • Kosten für Kleingeräte	
Bestandteil der Kalkulation: AGK	Diese Kosten werden keiner spezifischen Baustelle zugeordnet, sondern fallen allgemein für das Unternehmen an: • Kosten der Geschäftsführung • Soziale Aufwendungen • Mieten, Unterhaltungskosten • Versicherungskosten • Kosten für Werbung	
Bestandteil der Kalkulation: W+G	W+G sind üblicherweise umsatzabhängige Größen • Wagnis • Verlustgefahr des AN • Gewinn • Zur Verwirklichung späterer Investitionen	

(Fortsetzung)

Tab. 10.2 (Fortsetzung)

Allgemeine Anforderungen an die Form der Schlussrechnung nach Zugang		**Prüf- und Bewertungsnotizen**
Stufenweise Überprüfung der Kalkulation.	• Überprüfung der vorliegenden Kalkulationsunterlagen (Bestandteile der Kalkulation) hinsichtlich Schlüssigkeit, rechnerischer Richtigkeit • Nachrechnung der vorliegenden Unterlagen: Vergleich der Berechnungen/ Angaben mit anderen Kalkulationsunterlagen • Abweichungen kenntlich machen • Prüfung der Plausibilität der Kalkulationsbestandteile • Steter Abgleich mit Vorgaben aus Prüfschritt 5 „Kündigungsabrechnung“	
Zusammenfassend: Dem AN steht es frei, auf welche Art er seine Preise kalkuliert. Dafür steht die Kalkulationsfreiheit. Eine abschließende Vorstellung zur Kalkulation ist demnach nicht möglich. Infolge der EkdT sowie der prozentualen Zusammensetzung der Zuschläge für BGK, AGK und W+W, wird die Kalkulation nachvollziehbarer. Darauf aufbauend kann überprüft werden, inwiefern die Preise schlüssig kalkuliert wurden. Auch hinsichtlich der Nachträge bieten die EFB-Blätter eine Orientierung zur Rechnungsprüfung.		
Prüfschritt 7 – Inhaltliche Zusammenführung der Ergebnisse		
Allgemein: Im letzten Prüfschritt werden die Positionen abschließend mit den Ergebnissen der vorangegangenen Prüfschritte verglichen. Sind dabei beispielsweise Positionen nicht aufgeführt, die sich jedoch im Vertrag wiederfinden (Mehrwertsteuer, Umlagen, etc.)?		
Prüfung noch nicht berücksichtigte Unterlagen.	• Unterlagen tragen zum Verständnis der Schlussrechnung bei • Unterlagen widersprechen den Angaben aus der Schlussrechnung • Unterlagen sind nicht eindeutig zuzuordnen	
Aufstellung der Positionen aus der Schlussrechnung.	• Plausibilitätsprüfung der in der Schlussrechnung aufgeführten Positionen (Nachweisführung, Berechtigung) • Rückgriff auf bzw. Abgleich mit Ergebnissen der vorangegangenen Prüfschritte	

(Fortsetzung)

Tab. 10.2 (Fortsetzung)

Allgemeine Anforderungen an die Form der Schlussrechnung nach Zugang		**Prüf- und Bewertungsnotizen**
Zusammenfassung der Ergebnisse aus den Prüfschritten.	• Rekapitulieren der Ergebnisse • Übersichtliche Aufstellung der Positionen aus der Schlussrechnung	
Rückgriff auf aktuelle Rechtsprechung.	• Nutzung von online-Portalen zur Recherche rechtlicher Unklarheiten • Rücksprache mit unternehmensinternen Juristen • Rücksprache mit Sachverständigen	
Zusammenfassend: Im letzten Prüfschritt sollten die Ergebnisse der Prüfschritte 1-7 abschließend überprüft werden. Sofern der Leitfaden für handschriftliche Notizen genutzt wurde, kann anhand dieser Notizen eine Verschriftlichung der Ergebnisse erfolgen.		
Prüfergebnis		
Allgemein: Das Ergebnis kann unterschiedliche Formen annehmen. Es ist zudem möglich, dass eine Schlussrechnung prüfbar und korrekt durchgeführt wurde, sich jedoch im Zuge der Prüfung herausstellt, dass die Kündigung nicht berechtigt war. Das Ergebnis darf deshalb nicht eindimensional betrachtet werden, sondern immer im Kontext aller Prüfschritte. Weiterhin ist schwerpunktmäßig zu berücksichtigen, dass der AG im Sinne des § 242 BGB (Treu und Glaube) an der rechtmäßigen Abrechnung mitzuwirken hat.		
Prüfergebnis.	• Abschließende Bezifferung und Bestätigung des Ergebnisses der Schlussrechnung. • Kein Anspruch dem Grunde nach (keine Befugnis zur Schlussrechnungsstellung) • Fehlende Prüfbarkeit • Auszahlung eines Guthabens • Überzahlung mit Anspruch auf Rückzahlung. • Anspruch bereits erloschen	
Alternative Berechnung.	• Rückgriff auf Vorgaben aus dem Vertrag, sofern vorher nicht berücksichtigt. • Alternative Berechnung zur Plausibilisierung des Prüfergebnisses infolge einer nicht prüfbaren Bezifferung • Alternative Berechnungen auf Basis aktueller Rechtsprechung und Fachliteratur.	

11 Schlussfolgerung und Empfehlung

Nachfolgend werden auf Grundlage der erarbeiteten Ergebnisse Empfehlungen für die Prüfung und Bewertung von Schlussrechnungen abgeleitet. Dafür werden drei Zielgruppen, welche auch primär bereits im Zuge der bisherigen Kapitel behandelt wurden, angesprochen. Dazu gehört der AG, der eine vorliegende Kündigungsvergütung prüft und bewertet, der AN, der seine Kündigungsvergütung anhand der Schlussrechnung einfordert sowie der Dritte, nämlich die zur Prüfung der Schlussrechnung beauftragte externe Person (Hilfsperson).

11.1 Empfehlungen für Auftraggeber

Infolge der Bearbeitung der einzelnen Themen zur Kündigungsvergütung wurde deutlich, dass der AG eine herausragende Bedeutung im Zuge der Prüfung und Bewertung von Kündigungsvergütungen einnimmt. Beginnend bei der Art des Unternehmens, über das Kündigungsrecht bis zur fachlichen Kompetenz und subjektiven Herangehensweise in Bezug auf eine Prüfung der Schlussrechnung.

Ist der Vertragspartner eines ausführenden Unternehmens ein öffentlicher Auftraggeber, so wird die VOB/B regelmäßig zur Vertragsgrundlage. An dieser Stelle wird die Privilegierung des öffentlichen AG und der VOB/B „im Ganzen" aus Kap. 4 relevant. Wird ein VOB-Vertrag unabhängig davon geschlossen, dass die öffentliche Hand Auftraggeber ist, sind die Maßstäbe bzgl. der Anwendung von AGB gemäß BGB zu berücksichtigen. Infolgedessen sind bei Anwendung eines VOB-Vertrags auch entsprechende VOB-Regelungen zur Kündigung durch den AG zu berücksichtigen. Nichtsdestotrotz muss ihm bewusst sein, dass Kündigungsmöglichkeiten gemäß BGB, beispielsweise der § 650 f. BGB, durch den AN herangezogen werden können. Er sollte zudem darauf achten, dass ein Kündigungsschreiben, sofern er ein solches erstellt, jeglichen

© Der/die Autor(en), exklusiv lizenziert an Springer Fachmedien Wiesbaden GmbH, ein Teil von Springer Nature 2024

M. Linnemann et al., *Kündigungsvergütung von Bauverträgen*,
https://doi.org/10.1007/978-3-658-42892-1_11

Anforderungen an die Kündigungserklärung zu entsprechen hat. Dazu ist es relevant, dass er sich vorher mit den verschiedenen Kündigungsmöglichkeiten und Rechtsfolgen auseinandersetzt und auch das passende Kündigungsrecht anwendet. Häufig ist es nicht im Sinne des AG eine freie Kündigung zu erklären, da in diesem Fall erweiterte Kündigungsvergütungsansprüche seitens des AN entstehen, als im Zuge einer Kündigung aus wichtigem Grund. Im Falle einer Kündigung, sollte stets die korrekte Form der Kündigung geprüft werden, um späteren etwaigen Unklarheiten frühzeitig entgegenzuwirken. Das Wissen zum Kündigungsrecht umfasst dabei auch, das Wissen zur korrekten AN-seitigen Abrechnung sowie der wechselseitigen Darlegungs- und Beweispflicht. Die Aspekte der ersparten Aufwendungen und des anderweitigen Erwerbs sind dabei ebenfalls infolge ihrer Komplexität nicht zu unterschätzen.

Kommt es nach der Kündigung zur Abnahme, sollte AG-seitig eine angemessene Dokumentation erfolgen und die Abnahme grundsätzlich, mit Blick auf die Fälligkeit die Vertragspflicht, unterstützt werden. Gleiches gilt für das gemeinsame Aufmaß. Es sollte dem AG ebenso wie dem AN daran gelegen sein durch kooperatives Verhalten eine schnelle Abwicklung der Kündigung zu gewährleisten. Wird die Schlussrechnung nach Kündigung gestellt, sind gerade mit Blick auf die Prüffähigkeit einzelne Anforderung daran besonders auf den AG bezogen wichtig. Neben den allgemeinen Anforderungen aus dem BGB oder der VOB/B, sind Anforderungen auch explizit für den AG formuliert worden. Einerseits, dass er im Rahmen seiner fachlichen Kompetenz den Grad der Prüffähigkeit beeinflussen kann, dass ihm ein Kontroll- und Informationsinteresse zugesprochen wird, aber auch, dass die Anforderungen an die Prüffähigkeit nicht überspannt werden dürfen. Die rasche und einfache Beurteilung der Schlussrechnung sollte im Fokus stehen. Sieht er sich nicht im Stande die Schlussrechnung zu prüfen, so darf er den AN innerhalb der zugesprochenen Frist rügen, sollte jedoch grundsätzlich von einer pauschalen Rüge absehen. Nur eine substantiierte Rüge kann den AN in die Lage versetzen erforderliche Nachweise oder Informationen mit einem angemessenen Aufwand nachzureichen. Unabhängig davon kann eine Fristverlängerung sein, aber auch in diesem Fall ist dem AG aufzutragen sich an die beispielsweise im VHB genannten Anforderungen zu orientieren. Es wurde ersichtlich, dass der AG einen großen Einfluss auf die Abwicklung von Kündigungsvergütungen hat. Es ist dabei weiterhin empfehlenswert die Anforderungen und Regeln gemäß BGB und VOB rein objektiv zu berücksichtigen. Der Gedanke der Mitwirkung und Kooperation sollte bis zum tatsächlichen Vertragsende Bestand haben. Unabhängig davon wird der AG den Fokus darauf legen, dem AN nicht zu viel zu zahlen. Die Auseinandersetzung mit den an die Schlussrechnung und Kündigung gekoppelten Regelungen ist damit unabdingbar. Ein Leitfaden mit den relevanten Informationen kann dabei unterstützen.

11.2 Empfehlungen für Auftragnehmer

Nach Auswertung der vorangegangenen Kapitel wurde deutlich, dass der AN einer Übersicht zur Kündigungsvergütung positiv gegenübersteht. Dies lässt sich primär davon ableiten, dass er seinen Schwerpunkt infolge der Kündigung, unabhängig davon, welche Vertragspartei die Kündigung ausgesprochen hat, auf die ihm zustehende Vergütung legt. Er wird verständlicherweise ein Interesse daran haben, das ihm zustehende Maximum an Restwerklohn zu erhalten. Dafür sollte er gerade mit Blick auf das Kündigungsrecht seine Rechte kennen, um diese entsprechend durchsetzen zu können. Erstellt er seine Schlussrechnung, ist besondere Berücksichtigung bzgl. der Abrechnung geboten. Liegt seinem Auftrag ein Einheits- oder ein Detail-Pauschalpreisvertrag zugrunde, muss er auf Basis seines Aufmaßes abrechnen. Dabei kann er ein einseitiges Aufmaß vorlegen, sollte sich jedoch der gesteigerten Anforderungen an die Nachweisführung bewusst sein. Die Unterstützung durch einen Sachverständigen kann ein potenzielles Risiko diesbezüglich reduzieren.

Hat der AN jedoch einen Global-Pauschalpreisvertrag mit dem AG abgeschlossen sieht er sich häufig mit einem höheren Berechnungsaufwand konfrontiert. Die einzelnen Berechnungsarten „von oben nach unten" oder „von unten nach oben" sind zwingend einzuhalten, erleichtern sie ihm zudem die Abrechnung ungemein, da sie klare Vorgaben machen. Weitere „Kniffe", wie die gewerkebezogene Abrechnung helfen dem AN bei seiner Schlussrechnungserstellung. Dazu ist es unabdingbar, dass er sich im Vorfeld mit den Regelungen der Kündigungsabrechnung beschäftigt. Primär sollte er folgenden Aspekt dringend berücksichtigen, unabhängig davon welcher Vertrag geschlossen wurde: die Abgrenzung der erbrachten von der nicht erbrachten Leistung ist detailliert aufzuzeigen.

Sieht der AN der Schlussrechnungsstellung entgegen, werden die Aspekte der Fälligkeit und Prüffähigkeit relevant. Beginnend bei der Fälligkeit und seinem Recht zugehörige Fälligkeitszinsen zu verlangen, über die Abnahme bis zur Stellung der prüffähigen Schlussrechnung. Da der AN eine schnelle Abwicklung der Schlussrechnung anstrebt, sollte er versuchen so wenig technische „Fehler" wie möglich zu machen und seine Schlussrechnung adäquat zu den Anforderungen zu stellen. Ein Leitfaden kann dabei die wichtigsten Informationen bündeln und ihm bei der Abrechnung und Schlussrechnungsstellung Sicherheit vermitteln.

11.3 Empfehlungen für beauftrage externe Personen (Hilfspersonen)

Eine beauftragte externe Person (Hilfsperson), die für einen AG oder AN die Schlussrechnung infolge Kündigung prüft und bewertet, sollte stets darauf achten, eine objektive Bewertung abzugeben. Es ist nachvollziehbar, dass sie sich ggf. mit den genannten

Interessen der jeweiligen Vertragspartei konfrontiert sieht. Unabhängig davon sollte jedoch das Ziel sein, die formulierten Regelungen und Anforderungen objektiv zu befolgen. Die extern prüfende Person wird zudem mit einem größeren Vorwissen hinsichtlich der Kündigungsvergütung prüfen. Es ist daher von Vorteil, für den AG sowie für den AN jemanden zu beauftragen die Schlussrechnung zu prüfen oder bei der Erstellung zu unterstützen. Dies kann dahingehend vorteilhaft sein, um spätere Diskrepanzen hinsichtlich Prüfbarkeit, Abrechnung etc. frühzeitig zu erkennen und ihnen vorzubeugen. Es zeigt sich anhand der Komplexität, dass neben einer baubetrieblichen auch eine juristische Expertise vorteilhaft ist. Die Kündigung und anschließende Vergütung umfassen eine Vielzahl an rechtlichen Aspekten, mit denen sich der AG oder AN in seinem alltäglichen Arbeitsleben nicht regelmäßig konfrontiert sieht. Da es sich jedoch nicht selten um hohe Vergütungsansprüche handelt, kann dadurch einem eventuellen weiteren finanziellen Schaden aufgrund einer wiederholt abgewiesenen Schlussrechnung proaktiv entgegengewirkt werden. Mit Blick auf die verschiedenen Fristen können beginnend bei der Kündigungsandrohung bis hin zur Prüfung der Schlussrechnung mehrere Monate verstreichen. Schlussendlich werden beide Vertragsparteien angehalten sein, weitergehende juristische Schritte zu vermeiden, also eine außergerichtliche Einigung zu erzielen. Auch im Zuge dessen kann eine beauftragte Person den Leitfaden anwenden und anhand dessen dem eigenen Kunden seine Arbeitsweise zu erläutern. Die Vorstellung des Leitfadens kann in dem Fall auch die Transparenz der Arbeitsweise sowie Objektivität des Prüfenden fördern.

12 Zusammenfassung

Wird der Bauvertrag durch eine Vertragspartei vorzeitig beendet, hat dies Auswirkungen auf den Vergütungsanspruch sowie auf die Berechnung der Kündigungsvergütung. Je nachdem welche Vertragsart (Einheits- oder Pauschalpreisvertrag) der Baumaßnahme zugrunde liegt, hat die Abrechnung nach entsprechenden Vorgaben zu erfolgen. Die jeweiligen Abrechnungen können dabei sehr komplex gestaltet sein und stellen den AN nicht selten vor große Herausforderungen hinsichtlich der verschiedenen Informationen aus den Gesetzestexten, der Rechtsprechung oder der einschlägigen Fachliteratur. Bevor es zur Abrechnung kommt, steht auch die Berücksichtigung der Details des geschlossenen Vertrags im Mittelpunkt, da bereits dort häufig Hinweise bzw. Regelungen zur Kündigung, Abrechnung und Schlussrechnungsstellung formuliert wurden.

Kommt es dann zur Schlussrechnungsstellung sehen sich der AG und der AN mit jeweils unterschiedlichen Herausforderungen konfrontiert. Der AG prüft und bewertet die Schlussrechnung hinsichtlich ihrer formalen und inhaltlichen Richtigkeit anhand verschiedener Kriterien. Der AN andererseits erstellt die Schlussrechnung anhand dieser Regelungen, um seinen Anspruch durchsetzen zu können. Jede Vertragspartei verfolgt dabei unterschiedliche Intentionen, orientiert sich jedoch an den gleichen Grundsätzen.

Vorliegend ist es das Ziel die Komplexität der Schlussrechnungsvergütung zu beleuchten, auf dieser Grundlage relevante Kernaussagen zu identifizieren, diese zu strukturieren und schließlich in einem Leitfaden zusammenzuführen.

Um dieses Ziel zu erreichen, werden die beiden Hauptthemen Vertragskündigung und Schlussrechnung hinsichtlich expliziter Vorgaben analysiert. Daran anschließend erfolgte eine Betrachtung möglicher Kriterien bzw. Attribute, die einen Leitfaden charakterisieren sollen und schließlich die Erstellung des Leitfadens auf Basis der vorangegangenen Analysen.

© Der/die Autor(en), exklusiv lizenziert an Springer Fachmedien Wiesbaden GmbH, ein Teil von Springer Nature 2024

M. Linnemann et al., *Kündigungsvergütung von Bauverträgen*,
https://doi.org/10.1007/978-3-658-42892-1_12

12.1 Grundlagen und juristischer Hintergrund zur Kündigung und nachfolgender Vergütung

Bevor die Thematik der Schlussrechnungsstellung betrachtet wird, ist der erste Schritt die Beleuchtung der Grundlagen der Vertragsgestaltung und anschließender Beendigung. Dazu wird der geschlossene Bauvertrag, der gleichzeitig auch ein Werkvertrag nach BGB ist, weiterhin unterschieden in einen BGB- oder VOB-Vertrag. Der VOB-Vertrag zeichnet sich dabei dadurch aus, dass die VOB/B als AGB ausdrücklich vereinbart werden muss. Schließt ein öffentlicher AG einen Bauvertrag ab, soll die VOB stets zur Vertragsgrundlage werden. Wird die VOB/B, und damit auch die VOB/C, im Vertrag nicht erwähnt, handelt es sich um einen klassischen BGB-Bauvertrag. Neben diesen Vertragsarten wird im Weiteren zwischen einem Einheitspreis- oder einem Pauschalpreisvertrag differenziert.

Soll der geschlossene Vertrag nun vorzeitig beendet werden, sind dazu sowohl in der VOB als auch im BGB Regelungen formuliert. Grundsätzlich muss die Kündigung eines Bauvertrags gemäß der § 650 h BGB, § 8 Abs. 6 VOB/B sowie § 9 Abs. 2 S. 1 VOB/B schriftlich erfolgen. Weitere Aspekte wie eine Unterschrift der kündigenden Vertragspartei oder der korrekte Adressat und Absender müssen ebenfalls zwingend berücksichtigt werden. Neben diesen allgemeingültigen Kündigungsanforderungen werden im BGB und in der VOB/B gemeinsame und unterschiedliche Kündigungsarten geregelt. So lässt sich das freie Kündigungsrecht des AG sowohl im BGB sowie in der VOB/B finden. Dieses Kündigungsrecht wird indes dem AN nicht zugesprochen. Weiterhin finden sich im BGB und in der VOB/B Kündigungsrechte, die beide Vertragsparteien anwenden können. Dazu gehört die Kündigung aus wichtigem Grund gemäß § 648a BGB sowie die Kündigung infolge eines Baustellenstillstands von mehr als drei Monaten gemäß § 6 Abs. 7 VOB/B. Neben diesen Kündigungsrechten formulieren das BGB und die VOB/B noch weitere Möglichkeiten, die jeweils dem AN oder dem AG zustehen. Die Gründe einer Kündigung können dabei vielfältig sein und reichen von der fehlenden Mitwirkungshandlung des AG bis zur Insolvenz des AN. Je nachdem welches konkrete Kündigungsrecht Anwendung findet, sind die zugehörigen Voraussetzungen stets uneingeschränkt zu beachten.

Wann die Kündigung erfolgt, hat im weiteren Verlauf einen großen Einfluss auf die Kündigungsvergütung. Grundsätzlich wird zwischen den bis zur Kündigung erbrachten und den kündigungsbedingten noch nicht erbrachten Leistungen unterschieden. Dafür ist die Abnahmen bzw. Leistungsfeststellungen der erbrachten Leistungen von eminenter Bedeutung. Im Zuge der erbrachten und noch nicht erbrachten Leistungen rückt die Unterscheidung zwischen einem Einheitspreis- und einem Pauschalpreisvertrag in den Vordergrund. Während für einen Einheits- und Detailpauschalpreisvertrag das Leistungsverzeichnis, die Einheitspreise und das Aufmaß die Abrechnung bestimmen, wird mit Blick auf einen Global-Pauschalvertrag eine Pauschalpreiszerlegung oder weitere auf diesen Vertrag zugeschnittene Regelungen, wie die Berechnung „von oben nach unten“

oder die gewerkebezogene Abrechnung, erforderlich sein. Wurden die erbrachten von den nicht erbrachten Leistungen abgegrenzt, werden die tatsächlich ersparten Aufwendungen, wie Personalkosten oder auch der anderweitige Erwerb in der Abrechnung berücksichtigt. Die vorgestellten Verweise sind dabei allgemeingültig und finden Anwendung in Abhängigkeit des jeweiligen Kündigungsrechts. So unterschiedlich die Kündigungsarten sind, so unterschiedlich sind auch die zugehörigen Abrechnungen gestaltet.

12.2 Schlussrechnungsstellung durch den Auftragnehmer

Wurde ein Bauvertrag vorzeitig gekündigt, hat der AN Anspruch auf seinen Restwerklohn. Dafür, dass er diesen einfordern kann und auf welche Art dies zu erfolgen hat, existieren verschiedene Vorgaben, die er zu berücksichtigen hat. Die Schlussrechnung stellt dabei das Medium dar, mittels dessen der AN final abrechnen kann. Sie muss eindeutig als Schlussrechnung zu erkennen sein. Dazu gehören eine erste formale Gestaltung sowie eine inhaltliche Aufstellung. Sowohl in der VOB/B als auch im BGB sind dazu Vorgaben zu finden. Im Mittelpunkt stehen dabei die §§ 14, 16 VOB/B und § 650 g BGB, wobei die VOB/B hierzu detailliertere Angaben formuliert. Dazu gehört beispielsweise der Zeitpunkt der Schlussrechnungsstellung. Im BGB wird hierzu keine Vorgabe gemacht. Im § 14 Abs. 3 VOB/B wird jedoch festgehalten, dass die Schlussrechnung nach Fertigstellung zu erfolgen hat. Da infolge einer Kündigung keine Fertigstellung mehr angestrebt wird und es keine separate Vorgabe für den Kündigungsfall gibt, wird an der Stelle lediglich auf den § 8 Abs. 7 VOB/B verwiesen, der eine unverzügliche Vorlage der Schlussrechnung verlangt. Erstellt der AN keine Schlussrechnung kann der AG selbst, sofern es ihm möglich ist, gemäß § 14 Abs. 4 VOB/B eine Rechnung selbst aufstellen. Im BGB findet sich solch eine Option indes nicht. Inhaltlich muss bei einer Schlussrechnung berücksichtigt werden, welcher Vertrag, – Einheits- oder Pauschalpreisvertrag -, zugrunde liegt und darauf aufbauend die entsprechenden Abrechnungsgrundsätze anzuwenden. Daneben können in der Schlussrechnung, je nachdem welche vertraglichen Vereinbarungen getroffen wurden, diese ausgewiesen werden. Dazu gehört eine gesonderte Aufstellung der Nachträge, der Abschlagszahlungen, der Ansprüche aus Bauzeitverlängerungen, der Stundenlohnarbeiten, der Einbehalte, der Verzugszinsen, der Vertragsstrafe und der Mehrwertsteuer. Diese Aufzählung ist jedoch nicht abschließend und stets unter Berücksichtigten des geschlossenen Vertrags zu betrachten. Je nachdem welche Positionen berücksichtig werden müssen, sind stets die entsprechenden Nachweise miteinzureichen.

Wann der Werklohn fällig wird, hängt von verschieden Faktoren ab. Einerseits kann die Abnahme als Fälligkeitsvoraussetzung definiert werden. Zudem ist der Zugang der prüffähigen Schlussrechnung erforderlich. Wird die Schlussrechnung dem AG zugestellt, beginnt weiterhin die Prüffrist. Dafür findet sich in der VOB/B eine Dauer von 30 Tagen, welche begründet auf maximal 60 Tage verlängert werden kann, und im BGB die strickte 30-tägige Prüffrist. Nach fruchtlosem Ablauf dieser Frist kann der Werklohn fällig werden. Die Prüffähigkeit selbst muss nicht zwingend als Fälligkeitsvoraussetzung angesehen werden. Die Prüffrist kann durch den AG zudem dafür genutzt werden eine Rüge auszusprechen, sofern der AN eine nicht prüffähige Schlussrechnung vorgelegt hat. Diese Rüge muss substantiiert vorgetragen werden, da eine pauschale oder gar unangemessene Rüge ebenfalls zur Fälligkeit des Werklohns führen kann.

Die erwähnte Prüffähigkeit nimmt ebenfalls eine relevante Rolle für die Schlussrechnungsstellung ein. Die Prüffähigkeit wird im § 16 Abs. 3 Nr. 1 VOB/B sowie im § 650 g Abs. 4 S. 1 Nr. 2 BGB vorgegeben. Zur Prüffähigkeit werden in der VOB/B und im BGB ähnliche Voraussetzungen formuliert und infolge der Rechtsprechung und Fachliteratur weiter ausgeführt. Die Anforderungen hinsichtlich der Prüffähigkeit sind gemäß BGB und VOB die „Übersichtlichkeit“ und „Nachvollziehbarkeit“. Die Rechtsprechung und Fachliteratur formulieren zudem weitere allgemeine Anforderungen wie beispielsweise, dass die Prüffähigkeit kein Selbstzweck ist, das Kontroll- und Informationsinteresse des AG berücksichtigt werden muss oder dass die Prüffähigkeit keine Frage der Sachlichkeit oder Richtigkeit ist. Grundsätzlich muss der AG in die Lage versetzt werden, die Berechtigung der Forderung zu prüfen und sein Werk final abzurechnen.

12.3 Kalkulationsanalyse

Die Kalkulation des Auftragnehmers bildet die Grundlage für die Abrechnung. Im Zuge der Schlussrechnungsprüfung wird hier der Fokus auf die Schlüssigkeit und rechnerischen Ordnung gelegt. Der AN hat dabei die Möglichkeit auf Grundlage der Kalkulationsfreiheit seine Preise nach seinen Vorgaben zu berechnen. Eine verbindliche Vorgabe zur Kalkulationsmethodik gibt es nicht. Es haben sich jedoch zwei Methoden in der Praxis durchgesetzt. Die Zuschlagskalkulation und die Umlagekalkulation. Bei der Zuschlagskalkulation werden feste Zuschlagssätze für die Baustellengemeinkosten, die Allgemeinen Geschäftskosten sowie Wagnis und Gewinn auf die Einzelkosten der Teilleistungen aufgeschlagen. Im Zuge der Umlagekalkulation werden die Einzelkosten der Teilleistungen mit genau ermittelten Baustellengemeinkosten, geplanten Allgemeinen Geschäftskosten sowie dem Wagnis und Gewinn bezuschlagt. Die Baustellengemeinkosten werden dabei nicht direkt einer jeweiligen Teilleistung zugeordnet, stehen aber im Bezug zur entsprechenden gesamten Baustelle. Die Allgemeinen Geschäftskosten fallen als allgemeine Kosten des Unternehmens des AN an. Zur Berechnung werden häufig Einheitliche Formblätter genutzt, die auf die verschiedenen Kalkulationsverfahren zugeschnitten sind.

12.4 Anwendung eines Leitfadens

Im Zuge der Erarbeitung des Leitfadens wurde untersucht, welche grundsätzlichen Voraussetzungen an einen solchen Leitfaden zu stellen sind. Dazu wurden anhand der vorangegangenen Kapitel inhaltliche und strukturelle Kriterien identifiziert. Zu den strukturellen Kriterien zählt die Übersichtlichkeit, die Nachvollziehbarkeit sowie die Einfachheit. Für die inhaltlichen Kriterien fiel die Entscheidung auf die ganzheitliche Betrachtung, die Formulierung von Grundsätzen, die Vollständigkeit, die Kündigung im Fokus des Leitfadens, sowie die stetige Weiterentwicklungsmöglichkeit.

Aufbauend auf diesen Kriterien sowie den Kerninformationen aus den Kapiteln davor, wurde folgender struktureller Aufbau gewählt:

- Zugang der Schlussrechnung,
- Schlussrechnungsprüfung (formal),
- Gesamtüberblick,
- Vertragsanalyse,
- Kündigungsanalyse,
- Kündigungsberechnung,
- Kalkulationsanalyse,
- Schlussrechnungsprüfung (inhaltlich gesamt) und
- Prüfergebnis.

Die stufenweise Bearbeitung des Leitfadens erfolgt dabei in den folgenden **7 Prüfschritten**:

1. Nach Zugang der Schlussrechnung erfolgt die erste **formale Prüfung** hinsichtlich der Fälligkeit und Prüffähigkeit. Dafür werden die verschiedenen Voraussetzungen und Prüffähigkeitsanforderungen tabellarisch aufgeführt.
2. Daran schließt der **Gesamtüberblick** mit Sondierung der vorliegenden Unterlagen sowie Schlussrechnungsaufstellung an. Auch werden an dieser Stelle die Vertragsbeziehungen näher beleuchtet und analysiert, welche Ausgangssituation vorliegt.
3. Als nächster Prüfschritt folgt die **Vertragsanalyse**. Dabei werden der Vertrag sowie die zugehörigen Vertragsunterlagen u. a. dahingehend ausgewertet, welche Vertragsart vorliegt und welche Regelungen zur Kündigung oder zur Abrechnung bereits formuliert wurden.
4. An die Vertragsanalyse schließt die **Kündigungsanalyse** an. In diesem Prüfschritt liegt der Fokus ganz auf der Kündigung und es wird insbesondere betrachtet, welche Vertragspartei, welches Kündigungsrecht und unter welchen Voraussetzungen diese wirken. Vorhandener Schriftverkehr dazu wird ausgewertet und die Kündigung selbst hinsichtlich ihrer Wirksamkeit betrachtet.

5. Nach den Kündigungsmodalitäten erfolgt die **Bewertung** der Kündigungsabrechnung auf Basis des gewählten Kündigungsrechts. Dazu wird eine tabellarische Aufstellung der verschiedenen Kündigungen herangezogen und mit dem vorliegenden Kündigungsfall verglichen.
6. Die anschließende **Kalkulationsanalyse** als folgender Prüfschritt durchleuchtet die Kalkulation des AN und prüft diese auf ihre fachliche und rechnerische Richtigkeit.
7. Der Prüfschritt der **Schlussrechnungsprüfung** (inhaltlich) führt die gesamten Informationen der vorigen Prüfschritte zusammen und vergleicht diese mit den Positionen aus der Schlussrechnung. Das Prüfergebnis schließt die Prüfung und Bewertung der Schlussrechnung ab.

Literatur

Gesetze, Verordnungen, Vorschriften und Normen

Bürgerliches Gesetzbuch (BGB)
In der Fassung der Bekanntmachung vom 02.01.2002, (BGBI. I S. 42, 2909; 2003 I. S. 738), zuletzt geändert durch Artikel 13 des Gesetzes vom 22.12.2020 (BGBI. I. S. 3256)

Gesetz gegen Wettbewerbsbeschränkungen (GWB)
In der Fassung der Bekanntmachung vom 26.06.2013 (BGBI. I S. 1750, 3245), zuletzt geändert durch den Artikel 7 des Gesetzes vom 26.11.2020 (BGBI. I S. 2568)

Honorarordnung für Architekten und Ingenieur (HOAI) 2013
Verordnung vom 10.07.2013 (BGBI. I S. 2276), In Kraft getreten am 17.07.2013, geändert durch Artikel 1 der Verordnung vom 02.12.2020 (BGBI. I S. 2636)

Umsatzsteuergesetz (UstG)
In der Fassung der Bekanntmachung vom 21.02.2005 (BGBI. I S. 386), zuletzt durch Artikel 29 des Gesetzes vom 20.08.2021 (BGBI. I S. 3932) geändert worden ist.
Mittelbare Änderung durch Art. 89a G v. 20.08.2021 I 3932 (Nr. 60) ist berücksichtigt

Vergabe- und Vertragshandbuch für die Baumaßnahmen des Bundes (VHB)
VHB – Bund – Ausgabe 2017, Ministerium für Umwelt, Naturschutz, Bau und Reaktorsicherheit, Stand 2019
Besondere Vertragsbedingungen Richtlinie 214
Preisermittlung bei Zuschlagskalkulation Formblatt 221
Preisermittlung bei Kalkulation über die Endsumme Formblatt 222
Aufgliederung der Einheitspreise Formblatt 223
Allgemeine Richtlinien zur Baudurchführung Formblatt 400
Leitfaden zur Vergütung bei Nachträgen Formblatt 510

Vergabe- und Vertragsordnung für Bauleistungen (VOB) 2019
In der Fassung von 2019, Bekanntmachung vom 31.01.2019 (Banz AT 19.02.2019 B2) (in Kraft seit 01.03.2019), Hrsg. DIN Deutsches Institut für Normung e. V.

Rechtsprechungen

Quelle Rechtsprechungen
Beck-online; Die Datenbank, Verlag C.H.BECK cHG http://beck-online.beck.de/
ibr-online; Die Datenbank für das Bau-, Architekten- und Immobilienrecht http://www.ibr-online.de/

© Der/die Herausgeber bzw. der/die Autor(en), exklusiv lizenziert an Springer Fachmedien Wiesbaden GmbH, ein Teil von Springer Nature 2024

M. Linnemann et al., *Kündigungsvergütung von Bauverträgen*,
https://doi.org/10.1007/978-3-658-42892-1

BGH, Beschl. 20.11.2019 – VII ZR 213/18, IBRRS 2019, 4174
BGH, Urt. v. 26.10.2017 – VII ZR 16/17, IBR 2017, 3751
BGH, Beschl. V. 01.02.2017 – VII ZR 172/14, IBR 2017, 367
BGH, Beschl. v. 24.08.2016 – VII ZR 41/14, IBR 2016, 627
BGH, Urt. v. 07.04.2016 – VII ZR 56/15, IBR 2016, 346
BGH, Urt. v. 16.10.2014, IBR 2014, 728
BGH, Urt. v. 27.01.2011 – VII ZR 41/10, IBR 2011, 188
BGH Urt. v. 20.08.2009 – VII ZR 212/07. NJW-Spezial 2009, 732
BGH, Urt. v. 18.12.2008 – VII ZR 201/06 (OLG Jena), NZBau 2009, 232
BGH, Urt. v. 22.11.2007 – VII ZR 83/05, IBRRS 2008, 0125, IMRRS 2008, 0076
BGH, Urt. v. 11.05.2006 – VII ZR 146/04, IBRRS 2006, 1804
BGH, Urt. v. 13.01.2005 – VII ZR 353/03, IBRRS 2005, 1017
BGH, Urt. v. 13.05.2004 – VII ZR 424/02, IBR 2004, 489
BGH, Urt. v. 15.04.2004 – VII ZR 471/01, IBRRS 2004, 1192
BGH, Urt. v. 23.01.2003 – VII ZR 210/01, IBRRS 2003, 1091
BGH, Urt. v. 07.01.2003 – X ZR 16/01, IBR 2003, 0663
BGH, Urt. v. 19.12.2002 – VII ZR 103/00, IBR 2003, 184
BGH, Urt. v. 14.11.2002 – VII ZR 224/01, IBRRS 2002, 2271
BGH, Urt. und Teilversäumnisurt. v. 18.04.2002 – VII ZR 164/01 (KG), IBR 2002, 594
BGH, Urt. v. 19.02.2002 – VII ZR 103/00, IBR 2003, 190
BGH, Urt. v. 08.01.2002 – X ZR 6/00, IBRRS 2002, 0158
BGH, Urt, v. 08.11.2001 – VII ZR 480/00, IBRRS 2022, 0048
BGH, Beschl. v. 13.07.2000 – VII ZR 249/99 (Dresden), NJW-RR 2000, 1468
BGH, Urt. v. 04.05.2000 – VII ZR 53/99, IBRRS 2000, 0830
BGH, Urt. v. 28.10.1999 – VII ZR 393/98 (Frankfurt), NJW 2000, 807
BGH, Urt. v. 08.07.1999 – VII ZR 237/98, IBRRS 2000, 0742
BGH, Urt. v. 11.02.1999 – VII ZR 399/97, IBR 199,199; OLG Stuttgart, Urt. v. 14.08.2018 – 10 U 154/17;
BGH, Urt. v. 11.02.1999 – VII ZR 399/97, IBRRS 2000, 0705
BGH, Urt. v. 11.02.1999 – VII ZR 91/98, IBR 1999, 202
BGH, Urt. v. 09.01.1997 – VII ZR 69/69, IBRRS 2000, 0530
BGH, Versäumnisurt. v. 04.07.1996 – VII ZR 227/93, IBRRS 2000, 0489
BGH, Urt. v. 21.12.1995 – VII ZR 198/94, IBR 1996, 181
BGH, Urt. v. 09.03.1995 – VII ZR 23/93, IBRRS 2000, 0416
BGH, Urt. v. 09.10.1986 – VII ZR 249/85 (Oldenburg), NJE 1987, 382
BGH-Urt. v. 10.03.1983 – VII ZR 302/82, BauR 1983, 266; BGH-Urt. v. 30.03.2000 – VII ZR 167/99
BGH, Urt. v. 16.12.1982 – VII ZR 92/82 (Düsseldorf), BauR 1983, 362
OLG Düsseldorf, Urt. v. 27.08.2021 – 22 U 267/20, IBRRS 2021, 3038
OLG Köln, Urt. v. 17.03.2021 – 11 U 281/19, IBRRS 2021, 978
OLG Köln, Urt. v. 06.08.2020 – 24 U 29/16, IBR 2021, 405
OLG Frankfurt, Urt. v. 02.04.2020 – 22 U 24/19, IBRRS 2021, 454
OLG Düsseldorf, Urt. v. 13.03.2020 – 22 U 222/19, IBRRS 2020, 1289
OLG Hamburg, Urt. v. 08.01.2020 – 4U 134/18; BHG, Beschl. v. 18.11.2020 – VII ZR 20/29, IBR 2021, 177
OLG München, Beschl. v. 07.10.2019 – 28 U 442/19, BGH, Beschl. v. 23.09.2020 – VII ZR 251/19, IBR 2021, 12
OLG Dresden, Urt. v. 01.10.2019 – 6 U 1275/19, IBRRS 2020, 2471

OLG München, Beschl. v. 08.07.2019 – 27 U 3203, BGH, Beschl. v. 15.04.2020 – VII ZR 180/19, IBR 2020. 507
OLG Hamburg, Urt. v. 26.04.2019 – 11 U 46/11; BGH, Beschl. v. 05.05.2021 – VII ZR 107/19, Werkstatt-Beitrag (Einstelldatum: 05.11.2021)
OLG München, Beschl. v. 02.04.2019 – 28 U 413/19, IBR 2019, 307
OLG München, Beschl. v. 27.03.2019 – 28 U 3906/18 Bau, IBRRS 2021, 2956
OLG Brandenburg, Urt. v. 17.01.2019 – 12 U 116/18, IBR 2019, 182
OLG Köln, Urt. v. 14.12.2018 – 19 U 27/18, IBR 2019, 126
OLG Frankfurt, Urt. v. 26.11.2018 – 29 U 91/17, BGH, Beschl. v. 06.11.2019 – VII ZR 260/18, IBR 020, 228
OLG Brandenburg, Urt. v. 08.11.2018 – 12 U 25/16, IBR 2019, 183
OLG Brandenburg, Urt. v. 08.11.2018 – 12 U 25/16, IBRRS 2019, 0115
OLG Stuttgart, Urt. v. 14.08. 2018 – 10 U 154/17, BGH, Beschl. v. 12.02.2020 – VII ZR 185/18, IBR 2020, 509
OLG Düsseldorf, Urt. v. 10.04.2018 – 23 U 0/17, IBRRS 2018, 3806
OLG Hamm, Urt. v. 07.12.2017 – 17 U 187/15, IBR 2020, 1036
OLG Köln, Urt. v. 11.10.2017 – 16 U 48/16, BGH, Beschl. v. 11.10.2018 – VII ZR 257/17, IBR 2019, 435
OLG Stuttgart, Urt. v. 19.09.2017 – 10 U 48/15, IBRRS 2021, 1122
OLG München, Beschl. v. 22.05.2017 – 28 U 4449/16 Bau, IBRRS 2020, 3448
OLG Bamberg, Beschl. v. 17.05.2016 – 4 U 196/15, IBR 2016, 686
OLG Dresden, Urt. v. 10.05.2016 – 9 U 1838/15, BGH, Beschl. v. 06.02.2019 – VII ZR 128/16, IBR 2019, 543
OLG Karlsruhe, Urt. v. 02.12.2014 – 19 U 122/13, BGH, Beschl. v. 18.01.2017 – VII ZR 22/15, IBR 2017, 423
OLG Karlsruhe, Urt. v. 02.12.2014 – 19 U 122/13; BGH, Beschluss v. 18.01.2017 – VII ZR 22/15, IBR 2017, 362
OLG Oldenburg (2. Zivilsenat), Urt. v. 30.09.2014 – 2 U 113/13, BeckRS 2014, 122483
OLG Köln, Urt. v. 15.06.2012 – 32 O 48/12, IBR 2012, 1354
OLG München, Urt. v. 06.12.2011 – 9 U 1741/11, IBR 2012, 78
OLG Schleswig, Entscheidung v. 01.07.2010 – 11 U 46/09, BeckRS 2010, 33395
OLG Brandenburg, Urt. v. 08.11.2007 – 12 U 30/07, IBR 2008, 320
OLG Hamm, Urt. v. 10.01.2006 – 24 U 94/05, IBR 2006, 383
OLG Brandenburg, Urt. v. 16.02.2005 – 4 U 12/02, IBR 2005, 1218
OLG Düsseldorf BauR 2001
OLG Hamm, Urt. v. 27.06.2000 – 21 U 111/99, IBRRS 2008, 1294

Monographien und Beitragswerke

Althaus S., Heindl C., (2013) Der öffentliche Bauauftrag, Handbuch für den VOB-Vertrag. 3. Auflage, Verlag C.H. Beck, IBR-Online, München
Drittler M., (2017) Nachträge und Nachtragsprüfung beim Bau- und Anlagenbauvertrag. 3. Auflage, Werner Verlag, Wolters Kluwer, Köln
Kniffka R., Koeble W., Jurgeleit A., Sacher D., (2020) Kompendium des Baurechts – Privates Baurecht und Bauprozess. 5. Auflage, Verlag C.H. Beck, München
Nicklisch, Weick, Jansen A., Seibel M., (2019) VOB/B. 5. Auflage, Verlag C.H. Beck, München
Messerschmidt B., Voit W., (2018) Privates Baurecht. 3. Auflage, Verlag C.H. Beck, München

Linnemann M., Kaltenborn S., Viering M., (2022) Preisexplosion am Bau – Die Zukunft pragmatisch kalkulieren, Springer Vieweg, Wiesbaden

Roquette A., Viering M., Leupertz S., (2021) Handbuch Bauzeit. 4. Auflage, Wolters Kluwer, Köln

Würfele F., Sohn P., Meier C., (2018) Lehrbuch des Privaten Baurechts. Bundesanzeiger Verlag, Köln

Wirth A., Schneeweiß A., (2016) Öffentliches Baurecht praxisnah – Basiswissen mit Fallbeispielen. 2. Auflage, Springer Vieweg, Wiesbaden

Baurechtliche Vorträge

Bahner A., VOB/B und VOB/C – Die praktisch-rechtliche Durchführung eines Bauvertrags nach VOB/B, aus der Vorlesungsreihe im Master-Studiengang „Baurecht im Lebenszyklus von Bauwerken", Münster 10.10.2020

Bohn G., Verfahrens- und Prozessführung (insb. Berufungsverfahren in Bausachen), aus der Vorlesungsreihe im Master-Studiengang „Baurecht im Lebenszyklus von Bauwerken", Münster 29.10.2021

Rast, H.-J., Prüfbarkeit der Schlussrechnung, Grundlagenveranstaltung anlässlich der 55. Tagung der ARGE Baurecht im Deutschen Anwaltverein in Leipzig, 6.–7. März 2020

Kommentare, Aufsätze

Brieskorn E., Stamm J., (2008) Die Vergaberechtliche Renaissance der Urkalkulation und deren Bedeutung für das Nachtragsmanagement. NZBau 2008, 414–420

Ganten, Jansen, Voit, (2013) Beck'scher VOB-Kommentar, Allgemeine Vertragsbedingungen für die Ausführung von Bauleistungen. Teil B. 3. Auflage, Verlag C.H. Beck, München

Hau W., Poseck R., (2020) BeckOK BGB. 59. Edition, Stand 01.05.2020, Verlag C.H. Beck, München

Jauernig, (2021) Bürgerliches Gesetzbuch: BGB. 18. Auflage, Verlag C.H. Beck, München

Kapellmann, Messerschmidt, (2020) Beck'sche Kurz-Kommentar, VOB-Kommentar, Teil A/B, Vergabe- und Vertragsordnung für Bauleistungen mit Vergabeverordnung (VgV). 7. Auflage, Verlag C.H. Beck, München

Nicklisch, Weick, Jansen A., Seibel M., (2019) VOB/B. 5. Auflage, Verlag C.H. Beck, München

Von Wietersheim M., (2018) Bauvertragsrecht nach BGB und VOB/B, Praxiskommentar. 4. Auflage. Bundesanzeiger Verlag, Köln

Internetquellen

Basiszinssatz – Finanzrechner.org
Aktuelle Mitteilungen zum Thema Basiszinssatz
https://basiszinssatz.de (zuletzt abgerufen am 05.08.2023)
DESTATIS Statistisches Bundesamt
Starke Preisanstiege bei Baustoffen im Jahr 2021, Pressemitteilung Nr. N 044 vom 5. Juli 2021 https://www.destatis.de/DE/Presse/Pressemitteilungen/2021/07/PD21_N044_61.html (zuletzt abgerufen am 05.08.2023)

SPRINGER NATURE

GPSR Compliance

The European Union's (EU) General Product Safety Regulation (GPSR) is a set of rules that requires consumer products to be safe and our obligations to ensure this.

If you have any concerns about our products, you can contact us on ProductSafety@springernature.com

In case Publisher is established outside the EU, the EU authorized representative is:

Springer Nature Customer Service Center GmbH
Europaplatz 3
69115 Heidelberg, Germany

The manufacturer's authorised representative in the EU is Springer Nature Customer Service Centre GmbH, Europaplatz 3, 69115 Heidelberg, Germany. If you have any concerns regarding our products, please contact ProductSafety@springernature.com

Printed and bound by CPI Group (UK) Ltd, Croydon, CR0 4YY
21/10/2026
02237086-0019